自知与自控 共情与社交

儿童高情商

思维培养

张芳 ◎ 主编

春风文艺出版社
·沈阳·

图书在版编目（CIP）数据

儿童高情商思维培养 / 张芳主编． — 沈阳：春风文艺出版社，2024.1
　　ISBN 978-7-5313-6590-7

　　Ⅰ．①儿… Ⅱ．①张… Ⅲ．①情商－能力培养－儿童读物 Ⅳ．① B842.6-49

中国国家版本馆 CIP 数据核字（2023）第 238705 号

春风文艺出版社出版发行
沈阳市和平区十一纬路25号　邮编：110003
涿州市京南印刷厂印刷

选题策划：赵亚丹	责任编辑：邓　楠
助理编辑：滕思薇	责任校对：张华伟
装帧设计：君阅天下	幅面尺寸：170mm×230mm
字　　数：200千字	印　　张：15
版　　次：2024年1月第1版	印　　次：2024年1月第1次
书　　号：ISBN 978-7-5313-6590-7	定　　价：80.00元

版权专有　　侵权必究　　举报电话：024-23284391
如有质量问题，请拨打电话：024-23284384

前言

　　生活需要不断努力，这样我们才能向着美好的明天前进。除了努力之外，我们还需要有一定的智慧，这里的智慧除了各种科学文化知识外，还包括我们应对问题、分析问题、解决问题的能力和方法以及我们的情绪管理，这些可以笼统地概括为"情商"的智慧。

　　所谓情商，指的是人们根据事物变化，因时、因地而变的智慧。高情商不仅是一种生活智慧，更是一种生活能力。有了多维度思考的本领，我们的思路、思维会发生改变，既能懂得不墨守成规的道理，又能在实际生活中学会见机行事，通过发散的思维来随势而变；有了系统性解决问题的能力，我们会明白行事循序渐进的意义，懂得在现实世界里灵活应变，该进时进，该退时退，同时懂得发挥优势，用长处去规避短处，朝着既定的目标不断前进。

　　可以说，高情商处世是每个人人生路上的指路明灯，有了它，我们能更轻松地应对生活中的各种难题，也能在一次次的思维训练中获得正向培养，提升自我，谋求积极的成长力量。

基于此，我们特意为广大读者编写了这本《儿童高情商思维培养》。本书以儿童身心发展实际为基础，整理了他们在现实生活中遇到的各类难题，以由浅入深的方式进行全新解读，帮助广大少年儿童理解为人处世的智慧，收获解决实际问题的能力。

此外，为了提升本书的阅读趣味，我们在书中编排了大量丰富有趣的阅读板块，同时还绘制了精美高清的插图和漫画，让读者在图文并茂的阅读体验中获得知识的扩充，以更好的状态迎接属于自己的人生，同时以更积极的态度面对生活中的各类难题。

目 录

第一篇　改变思路，是种智慧

1　想要养成高情商，先学会随机应变 ………… 4
2　穷则变，变则通 ………………………………… 12
3　得过且过，一生无成 …………………………… 20
4　摆脱"墨守成规"的思想 ……………………… 28
5　学会借力，借势成事 …………………………… 36
6　发散思维，多角度思考 ………………………… 44
7　学会见机行事，随势而变 ……………………… 52

第二篇　灵活应变，离成功更近一步

1　学会以退为进，达成目标 ……………………… 64
2　请将不如激将，巧用激将法 …………………… 72
3　避人所短，用人所长 …………………………… 80
4　循序渐进，不要急于求成 ……………………… 88
5　能伸更要能屈，顺势而为 ……………………… 96
6　灵活应变，才能成功 …………………………… 104

1

7　适时放弃，切勿画地为牢 …………………………… 112

第三篇　因势而变，才有优势

1　依赖别人，不如依靠自己 …………………………… 124
2　学会暂时妥协，避免正面冲突 ………………………… 132
3　大智若愚，不必事事明了于心 ………………………… 140
4　方法是解决问题的敲门砖 ……………………………… 148
5　顺势者昌，逆势者亡 …………………………………… 156
6　正视自己的缺陷，化劣势为优势 ……………………… 164
7　不一定非要按常理出牌 ………………………………… 172

第四篇　方法得当，才能解难

1　金蝉脱壳，保存实力 …………………………………… 184
2　出奇制胜，反其道而行之 ……………………………… 192
3　透过现象看本质，才能发现真正的问题 ……………… 200
4　抓住关键，从问题的重点突破 ………………………… 208
5　做事当权变，才能应对万变之事 ……………………… 216
6　釜底抽薪，从根本上解决问题 ………………………… 224

附　录 …………………………………………………… 233

第一篇 改变思路，是种智慧

坚定是山的智慧，在千百年中巍峨挺立；变化是水的智慧，在流动中求得长存，遇到严寒则成冰，遇到暖阳则消融。我们在顺境中要学会不改初心，在逆境中要学会随遇而安，顺境时不转移性情，逆境中坚守才能迎来柳暗花明。

漫画剧场 MANHUA JUCHANG

打开另一扇门

课间，乐乐和同学去小卖部买雪糕。

怎么这么多人？

是呀……门口都被堵死了！

这么热的天，等排队进去，我肯定要……

要变成烤乳猪了！

你才要变成烤乳猪呢！我是想说……我要被晒化了！

话音刚落，美美突然吃着雪糕从一旁路过。

不是晒化……应该是晒黑！

哪里来的雪糕？

当然是小卖部里买的呀！

这么多人堵在门口，
你是怎么进去的呀？
你们真是不懂得改变思路！难道你
们不知道小卖部还有个侧门吗？
小卖部
什么？侧门？
谁在喊我！
此话一出，排队的同学
纷纷朝着侧门跑去。
小卖部
还有侧门？我要
第一个进去！
现在正门口没人了……你
们俩刚好可以走正门了！
小卖部
这还真是天
助我也呀！

1 想要养成高情商，先学会随机应变

事物是不断变化发展的，人生旅途中我们会面临各种各样变化中的事物，养成高情商是应对变化的关键。那么，怎样才能做到高情商呢？

思维火花 SIWEI HUOHUA

要想做到高情商，首先要了解情商的含义。所谓"情商"，是指人在情绪、情感、意志、耐受挫折等方面的品质。有句话说得好："当你认为这个世界很糟糕的时候，是因为自己在原地踏步；当你认为自己需要改变的时候，就是进步的开始。"我们改变不了环境，但是可以改变自己，强大自己。世界无时无刻不在变化，我们每天都会遇到一些始料未及的事，与其自怨自艾，不如提升自己，用变通的方式来应对一切变化与挑战。

智慧故事 ZHIHUI GUSHI

班超治理边境之法

东汉初年，班超担任西域都护。他在西域任职达三十多年，对

西域诸国形成了极大的震慑，使得汉朝西北部边疆及西域地区保持了长久的和平。因为他功勋卓著，被封为定远侯。

后来班超年纪大了，觉得有些力不从心，就上表辞职，但是朝廷迟迟没有批准。后来，他的妹妹班昭给朝廷上书，请求让哥哥回国。汉和帝看到班昭的上书，十分感动，就同意让班超回来，让任尚接替他。

和班超完成交接后，任尚问道："您在漠北任职三十多年，经验丰富。我马上就要去上任了，您能不能教教我，该如何统治西域呢？"

班超说："我年纪大了，智力也不比当年，只怕没什么能教给你。"

任尚说："您太谦虚了，还请您不吝赐教。"

班超细细打量了任尚，对他说："既然你想听，我就发表一点儿浅薄的看法。塞外的官吏和士兵，都是因为犯了罪才被发配过去的，并不是什么良善之人。而西域各国一盘散沙，很难招揽，又容易叛离。"

第一篇 改变思路，是种智慧

任尚急忙点点头，说："确实如此，那您有什么好办法吗？"

班超说："我跟你交往不多，对你不是很了解。但是我从你的外表不难看出，你的性子很急，做事会墨守成规。因此，我对你有几句忠告：当水太清的时候，大鱼会无处藏身，所以无法住下来；同样，你执政也不能太严格、太挑剔，否则很容易惹麻烦。"

任尚听了这番话，没有说什么。

班超又说："西域各民族还不够开化，所以你做事别太钻牛角

尖，要灵活，要学会变通，要善于处理人际关系。最好把大事化小，复杂的事情变简单。"

任尚并不认同班超的观点，所以他只是口头答应下来，心里却不以为然。从班超家离开后，他说："我还以为是个多么大的人物，有很多东西可以教给我。结果呢，根本没说重点，真让我失望。"

果然，任尚并没有听进班超的忠告。到了西域后，他执法严苛，还听不进别人的劝阻。结果没过几年，西域人就起兵闹事，维持了几十年的和平被打破。

最终，东汉将在西域的屯田士兵撤走，放弃了西域。北匈奴趁机挟持西域各国，取道车师国进入了汉地烧杀抢掠，东汉对其无能为力。

第一篇 改变思路，是种智慧

东汉想要完全控制西域是很难的，所以只能对西域松散统治。但就是这种松散统治，才可以让东汉保护西域，西域有东汉保护就会轻视匈奴，可以帮助东汉对抗匈奴，至少可以作为东汉西北地区的屏障。

任尚见到这样的结果，自然十分后悔，但是为时已晚。

班超出使西域几十年，有着丰富的经验。他之所以能够让西域地区保持长久的和平，与他的高情商、善于变通不无关系。任尚毫无经验，听不进去劝告，不懂灵活变通，不善于处理各种人际关系，造成了难以挽回的局面。

思考时刻 SIKAO SHIKE

班超对任尚说："当水太清的时候，大鱼会无处藏身，所以无法住下来；同样，你执政也不能太严格、太挑剔，否则很容易惹麻烦。""西域各民族还不够开化，所以你做事别太钻牛角尖，要灵活，要学会变通，要善于处理人际系。最好把大事化小，复杂的事情变简单。"这些都是他的肺腑之言，说出了治理西域的办法。只可惜任尚并没有将他的话放在心上，甚至有些看不起他。结果就是，短短几年，原来的和平局面被打破，西域发生了几起叛乱，他自己也被朝廷召回。由此可见，灵活变通，高情商处事是很重要的。

温故知新 WENGU ZHIXIN

臣子李密陈言：我自幼命运坎坷，父亲在我六个月的时候就去世了。四岁那年，舅父强迫母亲改嫁，我只能与祖母相依为命。我小时候身体不好，直到九岁的时候还不能像正常孩童一样走路。成年之前，我都没有叔伯照顾，也没有兄弟扶持，即便后来成了亲，也是很晚才有了一个儿子。我的生活孤单无依，祖母又因病卧床，

我每日都要侍奉她吃饭喝药，无法离开一步。

……

今年我刚好四十四岁，祖母已经九十六岁了。我还有足够长的时间在陛下面前尽忠，然而在祖母跟前尽孝的日子不多了。所以，我请求陛下允许我完成为祖母养老送终的心愿。我的辛酸苦楚，天地神明和蜀地的百姓都是知晓的。希望陛下能够怜悯我的一颗孝心，我会用余生报效朝廷，即使死了也会结草衔环报答您的恩情。

——节选自《陈情表》

李密与《陈情表》

上述文字节选自李密所写的《陈情表》。李密生活在西晋初年，是我国历史上著名的文学家、政治家。他幼年丧父，母亲改嫁，由祖母抚养长大。李密最初在蜀地做官，因为善于雄辩而闻名。蜀国

灭亡后，晋武帝司马炎打算任命他为太子洗马。

以当时的政局而言，这个职位并不是一个好的选择，李密不想接受。然而，如果强行推辞，就会得罪皇帝，所以他以需要照顾年老多病的祖母为由，言辞恳切地写了一封《陈情表》，呈给晋武帝司马炎。

李密先从自己幼年的不幸经历说起，尤其突出了祖母对自己的养育之恩，借此表明了他所处的忠孝难以两全的境地，同时不忘表达对晋武帝的忠心，让人读后既感动又同情。

《陈情表》体现出了李密的高情商。李密最终不仅达到了请辞的目的，还让这篇散文成了广为传诵的典范。

2 穷则变，变则通

"穷则变，变则通，通则久。"这句话出自《周易·系辞下》，揭示的人生哲理是：在面临困境时不要故步自封，要转变思维、灵活变通，积极寻找解决问题的方法，取得成功。这个过程也是提升自身情商的过程。

思维火花 SIWEI HUOHUA

学习与生活中，我们经常遇到一些困境，比如某一个学科，即使付出了努力依然取得不了好的成绩，或者与同学交往时发生了矛盾。如果我们只是沉溺于悲伤的情绪，不去冷静地思考问题的根源，就很难找到解决方法。只有跳出固有的思维，学会灵活变通，才能突破当下的困境。还要根据实际情况不断调整自己的策略，遇到解不开的难题时要积极尝试新方法，找到最佳的解决方案。

智慧故事 ZHIHUI GUSHI

伏羲穷则思变

上古时期，有一位女子是华胥国人，以"华胥"为姓氏，因此被称为"华胥氏"。有一天,她到一个叫雷泽的地方去玩,发现地上有一个巨大无比的脚印。出于好奇,她在脚印上踩了踩,没想到居然怀了身孕。她肚子里的胚胎有些特殊,别的女子怀胎十月就能生下孩子,她这一胎却足足怀了十二年。最后,华胥氏生下一个儿子。这个孩子和普通人的长相也不同,他虽拥有人的头颅,身体却像蛇一样,华胥氏给他取名为"伏羲"。

这就是伏羲出生的故事。伏羲是三皇之一,被华夏民族当成人文先祖,也是有史料记载的第一位创世神。

伏羲成年后做了部落的首领。一天夜里,他抬头观察星星的时候,发现星星的布局和地上的山川河流有着某种奇特的对应关系。第二天,伏羲又特意观察了一下岩石的裂缝和鸟兽身上的纹路,从而受到启发,发明了八卦。

当时人们的生活水平不高,不像现在有各种各样的工具,人们在捉鱼的时候没有渔网，也没有锋利的渔叉，只能用随手折来的树枝叉鱼。由于工具落后，即使花上一整天的时间也抓不到几条鱼。伏羲通过反复的观察和实验发明了渔网，一张渔网撒下去就能兜上好几条鱼。从此之后，人们捕鱼方便多了，生活也有了极大的改善。

伏羲死后，神农氏成了新的首领。神农氏仔细研究了伏羲发明的八卦，从中悟出了"穷则变，变则通，通则久"的道理。之后，他以变通为准则，开始改善部落里人们的生活。

首先，神农氏发明了木犁。在没有木犁的时候，人们只能用原始的木头和石块开垦土地，一年到头都收获不了多少粮食，常常填

不饱肚子。有了木犁之后，人们开垦土地的效率大大提高了，更多荒地被开垦出来。有了更多的土地，粮食产量也相应地提高了。人们吃饱肚子后，就有更多闲暇时间饲养牲畜、编织渔网、搓绳织布。当这些物品不仅可以供给日常所需，还有剩余的时候，就出现了交易的场所，也就是今天所说的市场。

人们可以根据生活所需，在市场中交换到自己需要的东西，也可以按照个人的特长用自己会做的东西去交换那些自己不会做的东西，这样一来人们的生活大大地方便起来。这一切都是因为伏羲和神农氏善于思考、积极主动的灵活变通而促成的。

《周易·系辞下》有言："穷则变，变则通，通则达。"这并不是一句空话，而是无数圣贤经过反复实践之后得出的真理。当我们面临困境的时候，自怨自艾只能原地踏步，转变思维、灵活变通才能解决问题。变通的思维会引导我们积极寻找化解困难的突破点，同时制订出解决问题的策略，即使中途遇到阻碍也能促使我们谨守

变通的原则，尝试不同的解决方案。

在千百年的实践中，人们将"穷则变"这一道理引申成了"穷极思变"。"穷极思变"是指在困难面前要勇于变通，当事物发展到了极致自然会发生改变。正应了那句诗："山重水复疑无路，柳暗花明又一村。"在山穷水尽的时候，不要灰心，积极思考、改变思维、灵活变通，或许下一个路口就会峰回路转。

灵活变通既是一种积极解决问题的智慧，又是一种勇于打破常规的勇气，更是一种敢于挑战自我的决心。在我们的日常生活和学习中，善于变通是一种十分有效的生活技能，懂得灵活变通的人永远不会被挫折打败，也永远不会被一时的困境束缚。

思考时刻 SIKAO SHIKE

"穷则变，变则通，通则久。"这是先贤总结出的智慧精华，蕴含着深刻的道理。尤其在我们生活的时代，科技高速发展，人们的生活每天都面临着各种挑战。要想在快节奏的学习和工作中立于不败之地，就得适应变化，善于变通。

"穷则变"不仅指物质上的贫困，还包括了学习和生活中面临的挫折、挑战等。我们只有发现问题、正视问题、寻求改变，才能有所突破。

"变则通"指的是在改变与突破的过程中不能故步自封，要根据实际情况不断调整自己的节奏和策略。同时也要注意周围环境的变化，随时适应当下的环境，保持前进的动力。

"通则久"则强调变通过程中需要有足够的耐心和恒心，只有坚持不懈的精神和持之以恒的行动，才能促使我们取得最终的成功。

温故知新 WENGU ZHIXIN

鲁班是我国古代一位著名的工匠。他在少年时就展现出了非凡的创造力，能够用普通的木材做出精美的物品。当时的人都感叹他的才华，纷纷上门请他制作各种家具和器械。

一天，一位富商请鲁班为他制作一个大门。鲁班十分重视这项工作，全身心地投入其中。只是，他在设计大门的过程中遇到了困难，因为不管他如何调整方案，都无法达到富商的要求。

鲁班一度失去信心，差点儿放弃。关键时刻，他提醒自己试着

第一篇 改变思路，是种智慧

改变一下思路，从另一个角度出发，看看能不能找到更好的设计方案。之后，鲁班不断地思考和尝试，终于想到了在原有的大门上增加雕花这一方法。想到办法之后，鲁班开始尽心尽力地设计和修改。终于，他设计出了一个自己十分满意的方案。

富商听完方案，满心欢喜，并对鲁班竖起了大拇指。鲁班心里十分自豪，他知道，多亏了自己灵活变通，才找到了解决问题的办法。

鲁班按照设想把门做好，交给了富商。富商赞不绝口，从门前经过的人看到这扇门，也都称赞不已。

鲁班正是因为懂得灵活变通，自己的技艺才不断进步。

学会变换角度处理问题

生活中，遇到困难并非只有坏处，没有好处。因为，只有在面对困境的时候，我们才能静下心来审视自己，并发挥自己的聪明才智，想办法解决当下的问题。同时，还要不断地根据当下的情况调整策略，付出耐心与恒心。最终，问题得到解决的时候，自己的思维能力和毅力都会得到相应的提高。这就是困境和挫折促使人成长的道理。

在现实生活中，我们要将深度思考的智慧运用到各个领域。当我们在学习上遇到困难的时候，不妨改变一下原有的思路，尝试不同的方法，主动提高自己解决问题的能力；当我们与同学发生矛盾时，不妨跳出自己固有的想法，站在对方的角度想一想，冷静地审视矛盾的根源，看看自身是不是也存在一定的问题。

只有勇于接受挑战，善于思考，才能让我们在面临困境的时候快速积极地解决困难，寻求进步。

3 得过且过，一生无成

有句话说得好，机会都是留给有准备的人。人生除了挑战之外，我们还会遇到各种各样的机遇，但是只有早做准备，才能在机会到来的时候牢牢抓住。

思维火花 SIWEI HUOHUA

面对生活有两种态度：一种是积极进取，一种是得过且过。

积极进取的人即使在安逸的生活中也能为自己制订不同的目标，不断学习，不断提高自己的能力。这样的人，一旦机会摆在面前，就能牢牢抓住，迈向新的台阶，获得更大的成功。

得过且过的人要么安于现状，失去前进的动力，要么怨天尤人，没有突破自我的信心和决心。这是一种消极的生活态度。即使有人因为同情想要帮助他，都无从下手，因为这种人没有足够的能力抓住改变自身困境的机会，任何外力的帮助都不能让他产生内在的动力。

智慧故事 ZHIHUI GUSHI

复齿鼯鼠

相传，五台山上有一种神奇的动物，在冬天和夏天的时候，它的翅膀会发生蜕变，随着季节和气温的不同，它的外形也会发生很大的改变。

夏天的时候，它的皮毛会变得绚丽丰满，在阳光的照射下十分耀眼。它对此十分满意，常常在山林中飞来飞去，并特意张开翅膀彰显自己的美丽。有其他动物经过的时候，它会得意扬扬地一展歌喉，觉得传说中的凤凰的羽毛都比不上它的皮毛绚丽多彩。

因为它太过注重展现自己华丽的皮毛，不知道囤积食物、修建巢穴，每天得过且过。麻雀看到之后劝说它，不能只顾着美丽，因为夏天十分短暂，冬天才是最难熬的。它很不耐烦，觉得自己有漂亮的皮毛就够了，还搭什么窝呀，如今阳光这么灿烂，有吃不完的水果和嫩芽，每天得过且过的日子多快乐！

夏天转瞬即逝，秋天匆匆而过，漫长而寒冷的冬天就在眼前了。其他动物都有了温暖的小窝和足够的食物，只有它站在树枝上瑟瑟发抖。

它的身体在冬天的时候发生了巨大的变化，原本丰满而华丽的皮毛一点点脱落了，全身变得光秃秃的。没有了漂亮的皮毛，它再也不好意思飞到别的小动物面前炫耀，只能蜷缩在石缝里瑟瑟发抖。

其他动物看到了，同情地对它说："等到太阳升起来的时候，你就搭一个窝吧，我们可以帮助你。"它十分感激，提醒自己明天就垒窝。然而等到太阳升起之后，天气变得暖和了，它又忘记了前一晚的寒冷，想着不用再做窝了，就这样得过且过吧！即使其他动物主动表示愿意帮忙，它也没有理会。

这样的日子过了一天又一天，它一直没有做窝，也没有足够的食物，只能晚上躲在冰冷的石缝中，白天勉强啃一些草根和积雪。它的身体越来越虚弱，在一个北风呼啸的夜晚冻死了。

这个动物名叫"复齿鼯鼠"。无论阳光明媚的夏天，还是天气晴朗的冬季，它都十分懒惰，不愿意为自己垒窝，也不积极寻找食物，最终的结局就是在寒风中冻死。

相传，复齿鼯鼠的叫声特别像"得过且过"，因此后来这个词演变成了成语，意思是过一天算一天，不求进取，不做长远的打算。这个成语告诫人们不要目光短浅，更不能因为有一点点优势就得意扬扬，要把眼光放长远，看到未来的挑战并有所准备，才能在危机到来的时候找到正确的应对策略，灵活变通，让自己走出困境，进而将不利因素转化为促使自己进步和成长的动力，最终取得成功。提前准备，才能有备无患，就像懂得筑巢的鸟儿一样。

思考时刻 SIKAO SHIKE

很多人都怀着雄心壮志，每天幻想着做出一些改变人生甚至改变世界的大事。然而涉及当下应该达成的小目标，这种人则丝毫没有行动力，每天得过且过。

有个成语叫"好高骛远"，形容的就是这种人。他们每天望着遥远的目标，却不能脚踏实地地迈出眼前的一步，这样的人注定不会获得成功。他们的面前就仿佛矗立着一堵高墙，每天坐在高墙之内幻想着虚无缥缈的目标，自我陶醉，得过且过，时间就这样浪费了。往往遇到重大的挫折时，他们才会幡然悔悟，自己一步都没有迈出去，更别说改变世界。

真正有理想、有抱负的人既有高远的目标，又能够脚踏实地地行动。在学习和生活中，势必会遇到一些挫折和失败，积极进取的人不会在失败面前得过且过，而是竭尽全力解决问题，并让自己有所突破。

温故知新 WENGU ZHIXIN

戴凭生活在东汉时期，是著名的经学家。相传，他在十六岁的时候就凭借通晓儒家经典被推举为郎中。

一次朝会，大臣们都坐在座位上，只有戴凭直愣愣地站着。光武帝觉得十分奇怪，问道："你为什么不坐下？"

戴凭一脸傲气地说："在座的博士解说经义的能力都比不上我，可是他们的地位比我高，我不想居于他们之下，所以干脆不坐。"

光武帝没有因为戴凭的高傲而生气，反而请他进入大殿，并且让在场的博士向他提问。令人惊叹的是，博士们提出的问题一个都没有难倒他。光武帝非常高兴，于是将戴凭升为了侍中。之后，每次遇到治理国家的难题时，光武帝常常找戴凭商议。

一次商议朝政的时候，光武帝问戴凭："你觉得我平日里有什么过错吗？"

戴凭认真地回答："臣认为您过于严厉了。"

光武帝又问："你说的严厉是指哪方面呢？"

戴凭说："蒋遵之前做太尉幕僚的时候，学问博古通今，为人也清正廉洁，只因为他向您直言进谏就被您下了拘禁令，终身不能做官，我认为陛下对他太过严厉。"

光武帝内心十分不悦，冷着脸说："没记错的话，你和蒋遵都是汝南人吧！你胆敢在我面前替他求情，是要联合汝南人结成朋党吗？"

戴凭没有为自己辩解，而是离开大殿，去了廷尉府，并主动要求廷尉把他关进监牢。光武帝听说之后，立即写了一份诏书将他放了出来。

戴凭再次来到光武帝面前，说："我既做不到直言进谏，又做不到以死劝诫，这是我作为臣子的失职，实在是惭愧。"

光武帝看到了他进谏的决心和正直的品性，并没有责罚他，反而提拔他为中郎将。之后，光武帝也解除了对蒋遵的禁令。

不要得过且过

科技高速发展，人们的生活发生了巨大的变化，无时无刻不面临着严峻的挑战。在这种环境下，很多人选择的不是积极进取，而是得过且过。这种消极的生活态度会让人失去前进的动力，同时缺乏进步的决心。

为了改变这一现状，我们需要做到以下几点：

第一，不要一味空想，脚踏实地地实践才是真正行之有效的方法。有计划固然是好事，如果缺乏执行力，再好的计划也只能成为一纸空文。一旦开始实践，你会发现之前的担心和恐惧也许都是自己吓自己，事情并没有那么难，而且在执行过程中，我们会不断地取得小的成功，这会激励我们继续前行。

第二，凡事不必追求尽善尽美，"完成"永远比"完美"更重要。很多人之所以迈不出第一步，就是因为太过追求完美，实际上任何事都不可能尽善尽美，倒不如放平心态。

第三，不要沉溺于虚无缥缈的目标，先做好眼前的工作。把大目标切分为多个小目标，执行起来更容易，不至于因为一直达不到目标而失去信心。

总之，每个人的成功之路都是充满艰辛的。如果畏首畏尾，止步不前，是永远不可能成功的。只有先去行动，并在行动过程中不断总结经验，吸取教训，充分发挥自己的长处，才能达到预期的目标。

4 摆脱"墨守成规"的思想

要想具有创造力，首先要有打破常规的精神，敢于抛弃过时的秩序和陈腐的规则。不因为过去的成绩而沾沾自喜，也不因从前的经验故步自封，始终怀有进取心，时刻鞭策自己，才能成为走在时代前沿的人。

思维火花 SIWEI HUOHUA

无论学习还是生活，如果我们故步自封，不敢尝试新事物，不愿意走出舒适区，将会一直原地踏步。当别人都在努力向前的时候，没有进步实际就是一种退步。相反，如果我们敢于接受挑战，积极进取，不断拓展自己的视野，提升自己的能力，就能获得更多的机会，从而在人生之路上站得更高，走得更远。

智慧故事 ZHIHUI GUSHI

墨守成规

墨翟生活在战国时期，创立了墨家学说，人们尊称他为"墨子"。墨子是鲁国人，原本是一个木匠，善于建造车辆和用于防守城墙的器械。他的技艺十分高超，和当时著名的工匠鲁班齐名。

墨家学说主张"兼爱""非攻"，不提倡战争，倡导人与人之间的互敬互爱。儒家学说维护"礼治"，被封建统治者长期奉为正统思想。墨家学说更加注重平民百姓的生活，所以墨、儒两家经常进行辩论。墨子为了推行墨家学说，常常奔波于各国之间。

一次，楚国要攻打宋国，并让鲁班设计了攻城所用的云梯。这种云梯十分巧妙，可以搭在城墙上。发动进攻的时候，士兵可以沿着云梯飞快地翻上城墙，和下面的士兵里应外合，多坚固的城池都能攻破。

这个消息传到宋国，宋国人十分恐慌，宋王召集群臣商议应对办法。当时，墨子在宋国担任一个小官，他听说这件事，决定前去游说楚王。他不顾辛苦，整整走了十天十夜才到达楚国的都城。

见到楚王后，墨子直截了当地说："您这次起兵攻打宋国是不会成功的。"

楚王自信地说："鲁班是天下技艺最高超的木匠，攻城的云梯就是他所制。有了云梯，区区一个宋国怎么可能攻不下来？"

墨子说:"既然大王如此自信,不如我们来演练一番,由我看守宋国的城门,让鲁班带人前来攻打,看看到底是他的云梯厉害,还是我的防御器械更厉害。"

楚王同意了。于是鲁班和墨子开启了一场紧张激烈的军事推演。两个人一个守城,一个进攻,鲁班连续进攻了九次都没有成功。鲁班并没有认输,而是说:"我已经看出你在用什么方法来防守了,很快我就会打败你。"墨子防守的方法十分固定,连续九次都没有改变,很容易就能被人摸清规律。

墨子镇定地说:"我也知道你想用什么方法对付我。"

楚王好奇地问:"鲁班到底有什么方法?"

墨子说:"他的方法很简单,就是把我杀掉。他以为只要我死了,宋国就没有可以守城的人才。他不知道,我还有三百多名弟子,这时候他们已经带着守城的器械到宋国去了,即使你们此刻杀掉我也不可能攻下宋国。"

楚王叹了口气,取消了攻打宋国的计划。

"墨守成规"指的是思想保守,一味守着老规矩不肯改变。墨子防守城墙的方法十分固定,鲁班很快就摸清了他的套路,如果鲁班杀掉他,而他又没有那么多弟子的话,宋国就危险了。

可见,在现实生活中,我们不能墨守成规,要大胆地尝试不同的方法,采取灵活多变的策略,只有这样才能应对各种各样的挑战。

思考时刻 SIKAO SHIKE

现代社会，由于科技的进步，一切事物都处在飞速发展之中。刚刚出现的新事物过不了多久就过时了，如果不能跟上时代的潮流，就会被淘汰。要想不成为落伍者，我们就应该具备灵活的思维，紧跟时代潮流，善于学习，积极进取。

在现实生活中，我们无时无刻不面临着挑战，每天都要接受新事物的冲击，需要学习的东西很多，还要随时做好准备接受转变。比如，手机支付刚刚兴起的时候，有些人十分抵触，说什么也不肯用，生怕这种支付方式不安全。没想到，过了短短几年时间，即使在路边摊买一份小吃都需要用手机支付，这种支付方式不仅方便，还更加安全。

如果不愿意改变固有的观念将寸步难行。面对日新月异的社会变化，我们要学会发散思维，积极进取，勇于打破固有的观念，不断迈向更高的台阶。

温故知新 WENGU ZHIXIN

提到"班嗣"这个名字，也许很多人会感到十分陌生，然而提到班彪和班固大家都很熟悉。班彪和班固是东汉时期著名的文学家、史学家，班嗣是班彪的堂兄、班固的伯父。

班家财力雄厚，有很多藏书，全国各地的好学之人络绎不绝地与班家的长辈交流学问。班嗣从小就是在这样的环境中长大的，他自幼受到了儒家学说的熏陶，本人则十分崇尚老庄之学。

班嗣的一位朋友也对老庄学说感兴趣，想要借他的书看看。班嗣说："像庄子那样的人，讲究的是清静虚无，从来不追名逐利，他对于生命有很强的洞察力，讲究万事万物都归于自然，不被世俗的力量所束缚。崇尚老庄学说的人常常隐居在人迹罕至的地方，天下的纷纷扰扰无法搅乱他们的心智，官场上的事也不能影响他们的安逸。即使是皇帝下令，他们都不会放弃自由，更不会被高官厚禄所诱惑。他们放飞自己的心志，活得肆意而自在。提到这些人的思想，没有人能说得清、讲得透，所以显得更加宝贵。"

好友问："你说这些是鼓励我学习老庄学说，还是反对我这样做？"

班嗣笑了笑，说："你向来研究的是儒家学说，信奉的是周公与孔子的主张，继承的是颜回、闵子骞等圣贤的思想精华，拘束于世俗教化之中，被仁义礼制所束缚，套上了道德名声的枷锁，又何必学习老庄学说呢？除了用于炫耀之外，还有什么用呢？古时候有个邯郸人学习别人走路，不仅没有学成，还忘了自己原本走路的方法，最后只能狼狈地爬回家，我担心你也会成为那样的人，所以才

不把书借给你。"

　　这个故事告诉我们，虽然世界瞬息万变，只有不断学习，拥有一颗进取心，才能跟得上时代的步伐，但是，也要清醒地认识自己，取人之长，补己之短，不能盲目学习。

　　"邯郸学步"这个成语最早出现在《庄子》中，讽刺的就是那些刻意模仿别人，却没有学到家，反而丢掉自身优势的人。学习不是不能模仿，但必须先细心观察别人的优点，再根据自身的实际情况来调整，取人之长，补己之短。

跟得上时代

　　时代在发展，社会在进步，每一代都有每一代的特色，每一代人都有每一代人面临的机遇和挑战。我们只有跟上时代，才能不被时代的洪流所淘汰。

　　那么，怎样做才能跟得上时代呢？

首先，要时刻准备好面临挑战，保持先进的思想，不断学习新事物。其次，在应对挑战的过程中要认准方向，运用巧劲儿，不要一味蛮干。再次，要善于用知识武装自己，不学习的人容易被固有的思想所束缚，只有不断学习新知识才能打开思路，成为一个善于创新的人。最后，要做一个精明的人。这里的"精明"不是鼓励人们耍心计、使手段，是指不要被陈旧的礼制规矩所束缚，要拥有开放包容的心态，乐于接纳新的事物和不同的思想观念，只有这样才能成为一个真正有见识的人。

5 学会借力，借势成事

人生在世，要想取得成功，光是自己强大还不够，还要善于借助他人的力量，懂得借力、发力、不费力，才能在成功之路上达到事半功倍的效果。

思维火花 SIWEI HUOHUA

要想取得成功，我们要学会借势。那么，什么是"势"呢？这里的"势"，指的就是万事万物发展前进的趋势和方向，是一种看不见摸不着的力量，可以影响事物的变化，也会影响人类的发展，同样能够影响个人的成败。

对个人的成败而言，"势"可以理解为我们在成长过程中所处的环境、面临的机遇以及促成个人发展的种种外部因素。如果我们能够把握住这些外部因素，就能在成功之路上顺水行舟、事半功倍。

智慧故事 ZHIHUI GUSHI

诸葛亮草船借箭

三国时期，曹操集结了八十万大军攻打东吴。孙权自知单靠个人实力比不上曹操，于是便和刘备联合起来，共同抵抗魏军的进攻。

东吴有一个智勇双全的大将，名叫周瑜。他个人能力十分突出，但心胸有点儿狭隘，嫉妒诸葛亮的才华。

这天，诸葛亮和周瑜一起商量如何与曹军作战。周瑜说："孔明觉得水上作战的话，用什么兵器好？"

诸葛亮说："我觉得用弓箭最佳。"

这话正中周瑜下怀。他点点头，装模作样地说："我也觉得弓箭最合适。只是如今军中没有足够的羽箭，孔明能尽快造出十万支吗？"

在很短的时间内造出十万支箭，无疑是天方夜谭。周瑜之所以会这样说，其实就是在故意为难诸葛亮。没想到，诸葛亮并没有推辞，而是胸有成竹地说："既然是都督的委托，我当然会照办。"

周瑜故意问："十天能全部做好吗？"他说出这句话的时候，已经做好了被诸葛亮拒绝的准备。毕竟即使全体士兵日夜不辍，也不可能在十天之内造出十万支箭。

诸葛亮接下来的回答再次让周瑜大吃一惊。诸葛亮从容地说："两军交战，讲究的就是时机，如果十天才能做好，势必会耽误大事。"

周瑜惊讶地问："那几天可以做好？"

诸葛亮说："只要三天。"

周瑜沉下脸，说："军情紧急，可不能在这种时候开玩笑。"

诸葛亮说："如果都督不信，我愿意立下军令状，倘若三天做不好十万支箭，我甘愿受罚。"

周瑜听到这话十分高兴，特意摆了酒席，让诸葛亮当着所有人的面立下了军令状。为了为难诸葛亮，他还故意吩咐鲁肃，不要把造箭用的材料准备齐全，再让工匠做得慢一些。一旦三天之后诸葛亮造不出十万支箭，他就可以顺理成章定诸葛亮的罪了。

让鲁肃没想到的是，诸葛亮过来找他的时候，并没有催他准备材料和工匠，而是向他借了二十条船，每条船上配备三十名士兵。更奇怪的是，诸葛亮还要求用布把船遮了起来，再做了一千多个草靶子摆在船的两侧。

鲁肃心内十分纳闷，不过还是按照诸葛亮说的准备好了船和草靶子。之后，鲁肃暗中观察着诸葛亮的动向，发现第一天诸葛亮什么都没做，第二天诸葛亮依旧什么都没做。到了第三天，鲁肃都急了，难道诸葛亮要主动放弃吗？

鲁肃忍不住前去催促诸葛亮。诸葛亮笑眯眯地说："既然你来了，就和我一起去取箭吧！"

鲁肃好奇地问："去哪里取？"

诸葛亮没有回答，而是让人把二十条船用绳索连接起来，朝着北岸的方向驶去。五更时分，二十条草船接近了曹操驻扎的水寨。诸葛亮让士兵把船头全部朝西一字摆开，又让士兵们一边擂鼓一边高声叫喊，架势拉得很足，仿佛有千军万马攻过来。

曹操远远地听到动静，连忙让士兵点燃火把观察情况。此刻江上却大雾弥漫，只能隐隐约约看到草船的人影，因此曹操将草船上的草靶子当成了士兵，于是把军营中的弓箭手全部叫了出来，弓箭手齐刷刷地朝着草船放箭。一时间，无数支箭如雨点一般射向草船。

草船上，诸葛亮拉着鲁肃坐在安全的地方，悠闲地喝着酒。直到第一拨儿攻击结束，诸葛亮才命令士兵把所有的船掉了一个头，改为船头向东、船尾向西，同样一字排开。曹操以为诸葛亮改变了阵型，于是命令弓箭手继续朝草船放箭。

直到大雾散去，诸葛亮才下令离开。这时候，船两侧的草靶子上已经插满了箭。诸葛亮让军士们齐声大喊："谢谢曹丞相的箭！"直到此刻曹操才知道自己上当了。

二十条草船载着十万支"借"来的羽箭回到营地，周瑜终于心服口服地说："诸葛亮果然神机妙算，我确实比不上他。"

思考时刻 SIKAO SHIKE

诸葛亮之所以能"借箭"成功，就是因为懂得借势。首先，他利用五更天江上大雾弥漫、视线不佳的环境因素，将船两侧的草靶子伪装成士兵的模样，借此迷惑曹操。其次，他根据过往的经验和实际观察，预测出了当天的风势，确保魏军的羽箭射过来的时候可以借助风力牢牢地插在草靶子上，而不是落入江中。最后，他还利用了曹操多疑且自大的性格。曹操自认为军备充足，才敢调出所有的弓箭手，将十万支箭"送"给了诸葛亮。

处在同样的环境中，为什么有的人能成功，有的人却最终失败？究其原因，就是因为前者懂得利用环境，事半功倍；后者不善于借势，一味埋头苦干，最终徒劳无功。

人和环境彼此依存，只有学会借力打力，才能在复杂多变的环境中游刃有余，并让事物朝着自己期待的方向发展。

温故知新 WENGU ZHIXIN

古代有一名叫李冰的官员，十分善于利用周围的资源达到自己设定的目标。

相传，他在担任蜀郡守期间，想要修一条路，方便南来北往的客商通行。然而，都江堰地形复杂，修路会遇到很多困难，而且需要大量的人手和工具。如果要临时召集人手、打造工具不仅要耗费大量的钱财，还会无限期地延长工期。

李冰思索一番之后，并没有让人制作开路的工具，而是把兵器

库里的兵器拿了出来，充当修路的工具。他还把士兵全部调集过来，让他们在前方开路，清理山林，移除修路过程中的障碍物。这些士兵比普通的民工体力更好，更加善于使用兵器，在修路过程中起到了很大的作用。

最后，李冰仅用了一年的时间就打通了新路，为蜀地的发展做出了极大的贡献。之所以能得到这样的结果，就是因为李冰善于调集周围的资源服务于自身的计划。

借 势

"借势"就是利用外在条件来增强自己的力量，从而实现预定的目标。那么，如何借势呢？

第一，要有洞察力。要懂得观察周围的环境，善于分析其中对自己有利的条件，并抓住时机，把握好方向，做到心中有数，拒绝不利因素的干扰和诱惑。

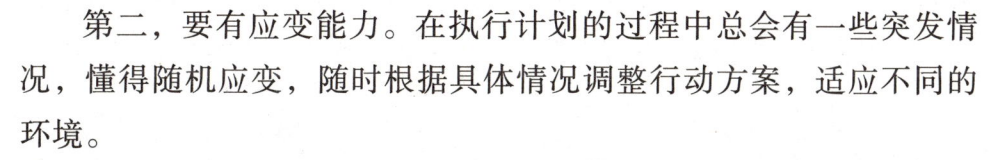

第二，要有应变能力。在执行计划的过程中总会有一些突发情况，懂得随机应变，随时根据具体情况调整行动方案，适应不同的环境。

第三，要有恒心和毅力。成功之路总是充满了艰难困苦和各种挑战，只有坚持不懈才能一步步接近目标。如果毅力不足，三天打鱼两天晒网，即使外部条件再好也不可能成功。

第四，善于和他人合作。我们处在复杂的社会之中，只有和他人建立良好的关系，才能够增强自己的力量，相互促进，相互成就，最终实现共同的理想。

6 发散思维，多角度思考

拥有高情商的人善于发散思维，勇于挑战既有规则，并且懂得利用周围的环境，将身边的一切事物转变为帮助自己的力量。这样的人往往能实现一般人无法达到的成就。

思维火花 SIWEI HUOHUA

如果把思维比喻成一根根丝线，因循守旧的人只会让丝线的一头笔直地连接在固定的方向。善于发散思维的人则会打破这种规则，让思维朝着四面八方延伸，尤其是那些未曾触及的领域，并且这根丝线并非是笔直的，可以弯曲或者勾勒出不同的花样。总结来说，发散思维就是要从多个方向、多个角度、多个层次思考问题、处理问题，不被固有的模式所限制。

智慧故事 ZHIHUI GUSHI

田忌赛马

战国时期，齐国有一位大将军，名叫田忌。田忌喜欢养马并热衷于赛马。他常常和齐威王赛马，但是每次都会输给齐威王。

这天，田忌再一次输了比赛，赔上了很多赌资。他郁闷地回到家中，对孙膑说起这件事。孙膑是田忌的门客，原本在魏国做官，因为熟读兵法、足智多谋而遭到了魏国大将军庞涓的嫉妒。庞涓挑拨魏王，剜去了孙膑的髌骨。幸好田忌把孙膑救到了齐国，因此孙膑对田忌十分感激。

孙膑看到田忌因为赛马的事而苦恼，于是为他出了一个主意。孙膑说："我观察过将军和大王的马，发现你们的马都分为上、中、下三等，同等级的马之间相差并不大。倘若在同一等级之间对比，将军的马确实稍稍弱于大王的马，不过若是用您的上等马和大王的中等马相比，还是您的上等马占优势。这样看来，只需要调整一下不同等级的马的出场顺序，您就能赢过大王。"

田忌听了孙膑的计划十分高兴，迫不及待地找到齐威王，想要再赛一场。

齐威王根本不觉得田忌会赢，调侃地说："别说再比一场，就算再比三场五场也是将军输。田将军这是上赶着给寡人送钱吗？"

田忌很不服气，故意提高了下注的筹码，想要把之前输的钱全部赢回来。齐威王信心十足，便同意了田忌的提议。

到了比赛这天，田忌坐在齐威王身边，一脸期待地观看比赛，将赛马出场顺序的决定权交给了孙膑。

第一局，齐威王像往常那样派出了上等马，孙膑不慌不忙地派出了一匹下等马。结果可想而知，田忌输掉了第一局比赛。齐威王十分得意，田忌则是故意做出一副懊恼的样子迷惑齐威王。

第二局很快开始，齐威王派出了中等马，孙膑则派出了上等马。正如孙膑所预料的，齐威王的中等马虽然优于田忌的中等马，但是和田忌的上等马相比还是差了一些，所以这一局是田忌赢了。

到了第三局，齐威王这边只剩下了一匹下等马，田忌那边还有一匹中等马。田忌的中等马对上齐威王的下等马，最后自然是跑赢了。

根据三局两胜的规则，田忌赢得了最终的胜利。

这是田忌第一次战胜齐威王。齐威王惊讶地询问田忌从哪里找来的好马。田忌坦白地说："这些还是原来的马，只是调整了出场顺序，就达到了避实就虚、精准克敌的效果。"

虽然齐威王输掉了比赛，但他很高兴，因为通过这件事他发现了孙膑这位军事天才。后来，齐威王任命孙膑为军师，让他指挥军队与魏国作战。孙膑凭借过人的计谋战胜了强大的魏军，最终逼得庞涓自刎而死。

思考时刻 SIKAO SHIKE

研究表明，决定一个人是否能够成功的关键因素不是智商，而是思维模式。对于普通人来说，彼此的智商相差不大，真正能让我们打破常规、获得成功的诀窍是发散思维的思考方式。想别人不敢想，做别人不敢做，善于打破常规思维，从不同的维度思考问题，就已经成功了一半。

现实生活中，无论面临机遇还是挑战，倘若我们只是用过往的经验解决问题，往往不能实现突破。那样相当于一直在原地踏步，远远比不上那些思维灵活、不断突破自己的竞争者。

只有善于发散思维，习惯用变通的方式处理问题，并且善于利用周围的环境，顺势而为，物尽其用，才能在情商培养中获得优势，让机遇转化为前进的助力，让困境演变为成长的跳板，不断突破困局，更进一步，最终在人生这场漫长而持久的旅途中取得最后的胜利。

温故知新 WENGU ZHIXIN

司马光是北宋时期著名的政治家、文学家、史学家。他自幼聪慧，擅长利用周围事物的特点来解决问题。

司马光小时候常常和同伴在自家后院做游戏。这天，孩子们像往常一样围着假山你追我赶。假山下有一个装满水的大缸，有一个孩子跑得急了，不小心掉进了缸里。那个缸非常大，以小孩的身高根本爬不出来，而外面的孩子即使踮着脚也没办法把缸里的孩子拉出来。掉进缸里的孩子不断挣扎，其他孩子都吓哭了，根本不知道该怎么做。

司马光虽然也同其他小伙伴一样害怕,但他没有哭,而是尽力让自己冷静下来,一边让人到前院去叫大人,一边努力思考救人的方法。他观察了一下后院的环境,发现假山旁边有一块尖锐的大石头,不由得想道:"如果用石头把水缸砸一个洞,缸里的水就能流出来,同伴就不会被水淹死了!"于是,司马光飞快地跑到假山旁,想要搬起那块石头。

然而,石头特别重,司马光一个人根本搬不起来。他转头朝着小伙伴们大喊:"我有办法救他,大家快来帮忙!"

小伙伴们听到喊话顿时不哭了,纷纷跑过来和司马光一起搬起石头。在孩子们的努力下,尖锐的石块重重地砸向了水缸。只听砰的一声,水缸破裂,缸里的水哗啦啦地流了出来。随着水面下降,落水的同伴终于探出头,大口地呼吸起来。

在看到有人落水的时候,很多人的想法就是"救人离水"。但

是以司马光当时遇到的情况来看，这一点很难实现。

　　司马光的聪慧之处就在于能够打破常规的思维模式，利用周围的环境特点来救人。当时，其余孩子想的都是如何把落水的孩子拉出来，发现无法做到之后就惊慌地哭了。司马光没有哭，而是在确认这种常规的方法没有用之后立刻转换思维方式，想到了把缸砸破让水流出的方法，最终成功救出了同伴。

　　古人云："水静极则形象明，心静极则智慧生。"有时候我们遇到的事情并非难以解决，而是因为我们太过慌乱，导致自乱阵脚。其实，面对危难，平心静气冷静镇定，更能想到解决的办法。

发散思维

　　发散思维可以理解成从一个事物引申到另一个事物，两个事物之间存在着一定的关联。要想正确掌握发散思维的方法，就需要找到不同事物之间的关联。

　　当我们遇到困难的时候，有些人会灰心丧气，把此刻面临的情况当成一件绝对的坏事。有些人却可以冷静地思考，看到问题背后的因素，同时利用这些因素判断事物未来发展的趋势。因此，后者往往可以利用这些因素，将原本不好的问题转化成促进个人成长与进步的机遇。

我们提倡运用环境中的有利因素，鼓励人们掌握将困难转化为机遇的方法。这个过程并不容易，只有坚定内心，有足够的毅力，拒绝诱惑，才能始终朝着自己的目标前进。

7 学会见机行事，随势而变

为人处世离不开高情商，提升情商不仅要善于观察，还要懂得预测和判断。要想应对不断变化的事物，就不能只用一种固定的方法。不懂得调整方法的人，最终会进入死胡同。所以，我们应"善于应变"，才更有机会有所成就。

思维火花 SIWEI HUOHUA

善于应变，首先要懂得审时度势。了解当下的环境，知晓天地自然变化发展的规律，才能得心应手地应对随之而来的各种变化。其次，要把握好度，不能盲目改变，也不能一次性变化太多，要在实际生活中适当地调整节奏和步调，而不是随心所欲地改变计划和目标。

积极变通，还要顺应时代的发展。每个人都处于时代洪流之中，只有顺应时代发展的方向，才能让自己有效地借助周围的环境实现个人成长。一意孤行，逆势而为，终将被时代抛弃。

智慧故事 ZHIHUI GUSHI

穆生见机行事

刘交是刘邦的弟弟，刘邦夺得天下之后，封刘交为楚王。刘交年轻的时候和穆生、白生、申公三人是同窗好友,他成为楚王之后也没忘记这三位朋友,而是将三人请到楚国,给了他们很高的官职。

刘交对三个人很好。穆生不擅长喝酒,每次开设宴席的时候刘交都会特意为穆生准备度数较低的甜酒,穆生即使多喝几杯也不会醉。后来刘交去世了,他的孙子戊继承了王位。刚开始的时候,楚王戊记得祖父的嘱托,宴请穆生的时候会特意准备甜酒,然而时间一长就渐渐懈怠了。

穆生叹息道:"我可以离开这里了,既然没有专门为我提供的甜酒,证明大王已经不将我放在心上了。倘若我赖着不走,今日被撤掉的是甜酒,明日我就有可能被推到街上,游街示众了。"于是,穆生以生病为由辞去了官职。

白生和申公听说了这件事,来到穆生家中,用指责的口吻说:"如今大王只不过是在区区一件小事上怠慢了你,你就装病不出,难道就不顾念先王对我们的恩情吗?"

穆生严肃地说:"《易经》上说,要善于从细微的地方预测事物的发展,只要看到一点儿端倪,就应该立即做出决断,而不是等到事情发展到不可收拾的地步再做出反应,到那时就太迟了。先王在世的时候对我们礼遇有加,不仅仅是顾念从前的情谊,最重要的是先王心中存有礼贤之道。如今,楚王戊无视先王的嘱托,撤掉了专门为我准备的甜酒,说明礼贤之道在他心里已经所剩无几了。这样的人,我怎么敢毫无芥蒂地侍奉他呢?"

白生和申公还是觉得这点儿小事不至于让人放弃官位,尽力劝

说穆生回到朝堂。穆生没有听从，而是坚持自己的想法，并果断地离开了楚国。

后来，楚王戊果然不顾礼法约束，生出了谋反的心思。白生和申公苦口婆心地劝说，楚王戊不仅没有听，还逼迫他们换上囚衣，并用锁链将他们紧紧地缠起来，拉到街市上当众处刑。这时候，白生和申公不由得想起了穆生曾经的话，然而悔之晚矣。

倘若当初穆生听了白生和申公的建议，没有在意区区一杯甜酒，而是回到朝堂继续做官，那么也会与白生和申公一样在街市上被处以极刑。

英明的人懂得见微知著，在危机到来之前就事先防范，只有这样才不会让自己走入无法回头的绝境。当然，观察事物的过程中看到的不一定都是危机，也有可能是机遇。当好的机会降临，比别人先一步抓住，就会离成功更近一步。

思考时刻 SIKAO SHIKE

提升情商要善于应变，善于应变首先要懂得见机行事。在当今社会中处理复杂的人际交往，要想做到游刃有余，就得懂得见机行事。只有善于应变，才能恰到好处地处理各种不同的关系，应对随时有可能遇到的难题。不懂灵活应变的人往往撞了南墙还不知道回头，这样的人难以在复杂多变的社会中取得很大的成就。

所以，面对问题不能逃避，也不能钻牛角尖，因为人生的路途中不可能一帆风顺，随时都面临着荆棘与曲折，我们只有一边前进一边调整自己的步调，才能不断地提高自己，迎来更好的生活。

学习和生活中，束缚住我们的往往不是困难本身，而是我们的思维。只有学会总结和调整，才能不断进步。其实做出合适的判断并不难，只要稍微转变一下角度，换一种思考方式，问题就能迎刃而解。

温故知新 WENGU ZHIXIN

战国时期有一个郑国人，他的鞋子穿了很久，都磨出了洞，于是他决定买一双新鞋。他为了确定自己脚的大小，出门前就先找来了一段绳子，比着脚的长短量好了尺寸。量好之后，他放心地出了门。

来到集市之后，他直接走进了卖鞋的店铺。他先是让店铺的掌柜拿出了几双鞋子，认真地挑选了一番，选了一双自己喜欢的款式。然后他要看看鞋的大小是否合适，就想把口袋里的绳子拿出来比一比。可是他掏了半天，都没有掏出来，原来是他出门的时候太着急，忘记把绳子带在身上了。

他对掌柜说："抱歉，我得回家一趟，把量脚的绳子带过来。"

掌柜听后十分诧异，委婉地问："莫非这双鞋您是替其他人买的？"

郑国人摇了摇头，说："这双鞋就是为我自己买的。"

掌柜说："那您穿上试一试就行了，要绳子做什么呢？"

郑国人说："那可不行，我的脚哪有绳子可靠呢？我得回家去。"说着，他就离开鞋店，匆匆忙忙地回家了。

回到家后，郑国人果然看到了那段绳子，于是放进口袋里，又匆匆地往集市走去。

等他到集市的时候，天都快黑了，商贩们也已经打烊了。就这样，他跑了一天，也没有买到鞋，他再低头看看自己的鞋，发现鞋上的洞更大了。

晚上，郑国人垂头丧气地回了家，刚好遇到了一个邻居。

邻居问："你做什么去了，这么晚才回来？"

郑国人说："我去买鞋了。"

邻居看了看他脚上的鞋，又看着他空着的双手，就问："那你买的鞋呢？"

郑国人懊恼地说："别提了，我出门之前用一条绳子量了脚的长度，结果忘记带绳子了。等我回来拿上绳子再去，集市已经没有人了。"

邻居笑着说："明明是你自己的脚，用绳子量出的也是你的脚的长度，你居然不相信自己的脚，只相信绳子！"

学会随机应变

郑人买履是先秦时期的一则寓言,辛辣地讽刺了那些墨守成规、不知变通的人。这个故事告诉我们,现实生活中处理问题要学会从实际问题出发,懂得见机行事,不能死守教条,否则终将一事无成。

正如故事里的郑国人,明明是为自己买鞋子,却只相信用绳子量出来的尺码,而不相信自己的脚,最后闹出了大笑话。现实生活中这样的人并不少,他们在处理问题的时候不懂得针对具体问题具体分析,也不会根据现实情况调整自己的计划。虽然不至于像故事里的郑国人那样犯低级错误,但在解决问题的时候确实会因太过教条而让自己吃亏。

要想取得成功,应该做一个灵活的人,善于冷静分析当下的情况,懂得抓住可以利用的因素,培养自己随机应变的能力,打破偏执守旧的观念,才能应对不同的挑战。

篇末问卷

1. 你知道什么是审时度势吗?
2. 当一件事无法进行下去,你该怎么做?
3. 机会到来的时候,你能抓住吗?
4. 你知道"墨守成规"的坏处吗?
5. 你懂得借助他人的力量吗?

第二篇 灵活应变，离成功更近一步

俗话说"计划赶不上变化"，一个真正有思想、有耐心的人，不但可以坚持原则，也能根据事情的发展做出改变，这样才能从容地实现自己的目标。

为人处世不能一根筋，而要学会灵活，看清形势。做一个机灵敏锐的人，不要走进死胡同。

漫画剧场 MANHUA JUCHANG

学习计划

假期里,乐乐为了提高学习效率,制订了一个学习计划。

爸爸,你看我这学习计划怎么样?

你这个计划,安排得有点儿密集呀!

我这叫充分利用时间。

但是我觉得有些不合理,比如早上六点起床。

以我对你的了解,你根本不可能起这么早。

如果起不来,我可以把其他的往后调,要学会变通嘛!

问题在于你后面也安排满了呀，这怎么调？
爸爸，你说得有道理，那我应该怎么做呢？
我觉得你应该根据实际情况，合理规划休息和学习的时间，还要留出时间灵活调整。
毕竟计划赶不上变化，万一有突发情况，你也好应对。
太好了，我现在就改。
虽然计划你写得不太完美，但是你有规划时间的意识，爸爸要给你点赞！

1 学会以退为进，达成目标

生活中，我们不但要学会进，还要学会退。如果只进不退，会让我们完全暴露，处于劣势。学会退，可以让我们养精蓄锐，伺机而动。进退之道是一种人生哲学，学会进退之道，能更从容地处理各种关系。

思维火花 SIWEI HUOHUA

从处世的角度来看，有时候表面上是在撤退，实际却是在前进。"以退为进"是一种很好的方式。以退为进，由低到高，是一种安全的进攻战术。为了实现更高的目标，做出一些退让，正是善于抓住有利时机的表现。

当我们遇到困难和问题时，通常倾向于正面面对它们。虽然这种勇敢的精神值得提倡和赞扬，然而，如果前面是火坑，还往里跳，那就是没头脑。这时候应该采取的正确做法，就是后退一步。适时后退是一种智慧，必要的退却，恰恰是为了更好地进步。

智慧故事 ZHIHUI GUSHI

不知进退的韩信

韩信和萧何都是西汉的开国功臣，为刘邦的称帝立下了汗马功劳，但他们的结局截然不同——韩信死于吕后之手，萧何却全身而退。韩信之所以落得令人唏嘘的下场，其中一个原因就是他不知进退，不知道该怎么隐藏和保护自己。反观萧何，他之所以能够在汉朝的政治斗争中全身而退，与他懂进退有很大关系。

早在刘邦担任泗水亭长时，萧何与他的关系就十分亲密。刘邦起义后，萧何一直追随着他。为了和项羽作战，刘邦离开了关东，时间长达四年。在此期间，萧何一直留在关中，为他镇守根本之地。百姓们十分信服萧何的治理，也都拥护刘邦。

汉三年，汉、楚两军在荥阳打了一场恶战，刘邦却多次派使臣回关中慰问萧何。对此，萧何并没有觉得有什么不对，门客鲍

生却说:"现在汉王在外面带兵,却多次派人到这里来,一定是对您起了疑心。我觉得,您可以挑选一些年轻的亲戚上前方助阵,这样他就不会怀疑您了。"

萧何恍然大悟,按照鲍生的建议做了。他派他的许多兄弟和侄子去前线支援刘邦,此举果然打消了刘邦的疑虑。

汉十年,刘邦北征陈豨,韩信想要造反,被吕后得知了消息。吕后在萧何的帮助下,俘获了韩信,将其处死。后来,刘邦让萧何担任相国,并赏赐他一支五百人的卫队。所有的大臣都向他表示祝贺,只有召平对他说:"如今陛下给您封赏,并不是对您的恩宠,其实是对您起了疑心。想要保全自己,您就要拒绝受封,还要将家财交出来,作为军需。"

萧何深以为然，于是只接受了相国的头衔，拒绝了封地和赏赐，还上交了家财。至此，刘邦的疑虑才算打消。

汉十一年，刘邦率军平定叛乱，萧何在长安驻守。在此期间，萧何体恤百姓，让百姓渐渐安心。这时有人提醒他："如今您身居高位，可谓是一人之下万人之上，而且深得民心。陛下对您一定有所顾虑。想要保全您和您的家人，唯一的办法就是自毁名声。"萧何依计而行，最终化解了这场灾难。

韩信却截然不同。汉三年，韩信率兵攻打齐国时，斩了齐王，占了齐国，让自己的领土和势力都大大增加。当时，他手握十万大军，已经成为十分重要的人物。此时，刘邦和项羽正在激战，韩信却派来使者，请求做假齐王。

刘邦见韩信不但不来助自己一臂之力，反而趁机要挟，十分生气，正要把使者大骂一顿，却看到张良对自己使眼色。经过张良的一番劝说，刘邦决定暂时不得罪韩信，于是对使者说："要当就当真王，何必当假王！"并派张良带上印信，封韩信为齐王。但这件事之后，刘邦认为韩信野心太大，想要找机会将其除去。

刘邦在韩信等人的帮助下称帝后，下令俘虏项羽战败的士兵，以消除后患。项羽的部将钟离昧是韩信的老乡，二人私交不错，钟离昧就去投奔了韩信，被韩信收留。后来事情泄露，刘邦下令让韩信把钟离昧押送到京城。

韩信不忍心让钟离昧去送死，就谎称钟离昧不在自己这里。刘邦十分恼怒，想要派兵捉拿韩信，却被陈平制止。刘邦听从了陈平的计策，决定假装出游，让韩信来谒见，趁机拿下他。

韩信听说刘邦出游，有些疑惑。属下建议他将钟离昧交出去，钟离昧却煽动他造反。韩信拒绝，钟离昧拔剑自刎。

韩信带着钟离眜的头颅去见刘邦，却被拿下。不过刘邦觉得韩信功劳太大，而且也没什么实际证据证明他谋反，就夺了他的兵权，将他由楚王降为淮阴侯，严格监控起来。

韩信对此十分不满，就和国相陈豨密谋造反。陈豨起兵后，韩信准备与他里应外合，捉拿吕后和太子。没想到吕后得知了消息，就跟萧何商量了对策，将韩信诱骗到宫中。

韩信刚一进宫，就被吕后安排的人拿下，最终以谋反之罪处斩。

思考时刻 SIKAO SHIKE

以退为进是一种生存的智慧。退并不是懦弱，在特定情况下，懂得后退，才能避开阻力，积蓄力量，最终获得成功。就像插秧一样，想要把秧苗插进稻田，就只能退步。

如果处处争强，就会发现阻力重重，寸步难行。只有学会迂回和退步，才能积蓄力量，最终获得胜利。把拳头收回来，是为了更有力地打出去；把弓弦往后拉，是为了将箭射到更远的地方。在日常生活中，我们难免会遇到很多关口，灵活变通，才能做到游刃有余。

温故知新 WENGU ZHIXIN

春秋时期，晋献公听信小人的谗言，先是杀害了太子申生，又想除掉申生的弟弟重耳。重耳为了保命，逃离了晋国，开始了长达十九年的流亡生活。

这一年，重耳来到了楚国。楚成王觉得重耳不是凡人，日后必成大器，就对他礼遇有加。

一天，楚成王设宴招待重耳。酒酣耳热之际，楚成王问道："如果有一天你执掌晋国，要怎么报答我呢？"

重耳笑着说："如果真有那么一天，我一定和贵国保持友好关系。万一我们两国不幸发生战争，我会让军队退避三舍。如果您还是不原谅我，咱们再交战。"

四年后，重耳回到晋国做了国君，称晋文公。在他的治理下，楚国的实力大大增强。

公元前633年，楚军和晋军交战。晋文公兑现承诺，让军队后退了九十里，在城濮驻扎。楚军见晋军后退，以为对方害怕，于是穷追不舍，最终被晋军打败。

学会退让

日常生活中，我们难免会遇到危险。这时候，最好的办法不是硬碰硬，而是暂时妥协，以便在时机合适时再出手，就像俗话所说：

"留得青山在，不怕没柴烧。"

懂得退让的统帅是优秀的。如果久战不胜，不如早点儿撤退。撤退并不是被动地避凶就吉，而是暂时收敛锋芒。就算退让，也要主动自觉，暗中积蓄力量，在时机成熟时奋起。这种退并不是逃跑，而是进的一部分，是为了进做准备。

一般来说，如果一方在交战时退让，有两种情况：一种是麻痹对方，让其放松警惕，然后攻其不备；另一种是对方实力远超自己，需要暂时避其锋芒。上面故事中的晋文公退避三舍，一方面报答了楚成王当年的知遇之恩，另一方面也是为了麻痹对方。由此可见，退不代表软弱。遇到难题时学会退让，也许能发现更广阔的路。

2　请将不如激将，巧用激将法

俗话说："请将不如激将。"在别人不想说话或者不愿意表态时，合理使用激将法也许可以巧妙地让对方表达出自己的观点。由此可见，激将法的力量不容小觑。但是要注意，在使用激将法时，要区分对象。

思维火花 SIWEI HUOHUA

有人在遇到挫折时，会缺乏信心，萎靡不振，这时候合理使用激将法，可以激发他的自信心。不过，在使用激将法时，要注意看准时机，既不能太早也不能太迟。太早的话，时机还没有成熟，容易让人泄气。而太迟的话，又会被误认为是马后炮。此外，使用激将法还要注意分寸。话说得太重会让人反感，说得太轻又会不痛不痒。因此，使用激将法是一门高深的学问。

智慧故事 ZHIHUI GUSHI

孔明计激周瑜

诸葛亮奉刘备之命来到江东，劝说孙权和刘备一起对抗曹操。

诸葛亮如果直接劝说孙权，以孙权的性格未必能达到刘备想要的效果，于是决定用激将法。

孙权问："曹军有多少人？"

诸葛亮说："水兵和步兵，大概有一百多万。"

孙权惊讶地说："居然有这么多呀？"

诸葛亮说："曹操在兖州时，就手握二十万青州军，平定河北后，新增了五六十万。到了中原后，他招募了三四十万新兵，现在又得了荆州的二三十万名士兵。这样粗略一算，曹操的人马已经超过了一百五十万。我刚才说一百万，还是个保守数字。"

孙权又问："曹操狼子野心，想要吞并江东，我到底该不该战呢？"

诸葛亮说："最近曹操势头正劲，不但赢了官渡之战，还破了荆州。您可以评估一下自己的能力，如果能与他抗衡，就早点儿和他绝交。要是没有这个能力，就听谋士们的建议，向他投降吧！"

孙权听到"投降"两个字，有些不太高兴地说："那刘备怎么不投降？"

诸葛亮说："当年的田横只是齐国的一位壮士，都能够做到笃守节义，不受屈辱。刘备身为王室后裔，又怎么能屈居人下呢？"

孙权听到这番话，气呼呼地回了后堂。其他人见状，都嘲笑诸葛亮不会说话。鲁肃也忍不住抱怨起来。诸葛亮笑着说："我有办法打败曹操，但是孙权又没问我，我怎么说呢？"

鲁肃听到这番话，欣喜异常，急忙跑到后堂请孙权出来。孙权听到鲁肃的汇报，就出来见了诸葛亮，还设宴款待他。

席间，诸葛亮对当前的形势进行了分析，表明曹军虽兵多将广，但不擅水战等弱势，让孙权坚定了抗曹的决心。

周瑜是力主抗曹的，可是他见到诸葛亮时，却故意说要投降。鲁肃信以为真，于是和他争辩起来。

诸葛亮听到周瑜的话，马上有了对策。他故意说："我有一个好办法，可以不费一兵一卒，让曹操退兵。"

周瑜说："什么办法？"

诸葛亮说："只要送两个人过去就行了。"

周瑜追问道："是哪两个人？"

诸葛亮说："我还在隆中时，就听说曹操在漳河建造了一座'铜雀台'，搜集天下的美女安置在那里。我还听说，曹操对江东乔公的两个女儿——大乔和小乔垂涎欲滴，甚至发誓要将她们也安置在铜雀台。这样看来，他之所以对江南虎视眈眈，就是为了这两个女子。既然如此，将军可以去和乔公商量，用千金买下他的两个女儿送给曹操。曹操得偿所愿，自然会撤兵。"

周瑜将信将疑地问道："你说曹操想要得到二乔，可有证据？"

诸葛亮说："曹操曾经让他的儿子曹植写了一篇《铜雀台赋》，其中就提到要将二乔娶到手。"

周瑜又问："先生可记得这篇赋的内容？"

诸葛亮说："世人皆知曹植很有才华，文笔很好。我见他写得不错，就背了下来。"说着，他就把《铜雀台赋》背了一遍。

周瑜听到其中"揽'二乔'于东南兮，乐朝夕与之共"一句，火冒三丈，站起来指着北方骂道："曹操老贼，真是欺人太甚！"

诸葛亮劝说道："汉朝的皇帝还派公主去和亲呢，如今只是让这两个民间女子去退敌，也不算什么大事。"

鲁肃说："先生有所不知，小乔乃是周都督的妻子，而大乔是孙策的妻子。"

诸葛亮装出一副才知道的样子，说："我不知道这件事，都是

信口胡说的，都督千万不要放在心上。"

周瑜说："希望先生能和我一起对抗曹操老贼！"于是二人商定了抗击曹军的大计。

思考时刻 SIKAO SHIKE

诸葛亮知道江东众人对抗曹之事犹豫不决，而周瑜又是其中的关键人物，于是，他故意没有劝周瑜抗曹，而是顺着周瑜的意思说降曹，让他献出二乔求和，以便激怒周瑜，达到让他抗曹的目的。这样一来，身处弱势的刘备就能和强大的东吴结成同盟。

激将法是一种十分有效的计谋，用处也十分广泛，不管是对自己、对盟友，还是对敌人，都可以使用。用在盟友身上时，多半是因为盟友意志不够坚定，诸葛亮对东吴用的计谋就是如此。而用在敌人身上时，通常是为了激怒敌人，让其丧失理智，做出错误的决策，给自己找到机会。古代兵书上对于激将法有很多记载，如"激气""励气"之法和"怒而挠之"的战法。前者用于自己和盟友，后者用于敌人。

温故知新 WENGU ZHIXIN

建安十三年（公元208年），曹操发兵攻打荆州。荆州地理位置优越，是兵家必争之地。占领荆州之后，曹操就可以东伐孙权，西取巴蜀。孙权知道这件事的紧迫性，于是召集手下的将领们商量对策。

将领们知道曹操兵强马壮，都劝说孙权投降，只有鲁肃沉默不语。孙权见状，就让他发表意见。鲁肃心中主张抗曹，但不知道孙

权想怎么做，就故意说道："曹操实力雄厚，早晚能够占领荆州。要我看，您应该出兵协助他，再把家人全都送到他那里去。"

鲁肃之所以这样说，就是为了激怒孙权。果然，孙权火冒三丈，甚至觉得自己受到了侮辱，拔出剑要杀他。鲁肃这才确定孙权的真实想法，于是说："我也主张抗曹，眼下形势紧张，您可以和刘备联手，共同抵抗曹操。"

孙权这才消了火，派鲁肃渡江去联合刘备抗曹。

激将法

鲁肃采用激将法，不但试出了孙权的真实想法，还让他坚定了联刘抗曹的决心。由此可见，鲁肃的激将法用得十分巧妙。

很多时候，正面劝说的效果并不如激将法。究其原因，就是激将法能让对方更明白利害关系，激发自尊心。因此，如果应用得当，激将法能起到十分神奇的效果。

当然，激将法也是因人而异的，不能滥用。另外，运用激将法要懂得掌握时机，过缓和过急都不好。只有选择好的时机，应用适度，才能使激将法充分发挥效用。比如，一个人胆小懦弱，不想做某件事，就可以采用激将法，让他感到不服气，萌发好胜心。如此一来，他的能量就会得到激发。

第二篇　灵活应变，离成功更近一步

3 避人所短，用人所长

俗话说，尺有所短，寸有所长。每个人都有自己的长处和短处，如果领导者在用人的时候，能够做到扬长避短，就能让所有人都能够得到合理的任用。

思维火花 SIWEI HUOHUA

清代思想家魏源曾指出："用人者，取之长，避人之短；教人者，成人之长，去人之短也。唯尽知己之所短而能去人之短，唯不恃己之所长而后能收人之长。"魏源对人的长处与短处的关系进行了探讨，表明了领导者该如何知人用人。

人无完人，每个人都会有短处。在某方面有优点，在其他的方面可能就有缺点。如果只盯着别人的短处，忽视了他的长处，那就无人可用了。因此，每个人都要学会了解别人的长处和短处，并根据其长处和短处进行安排，让其充分发挥才干。

智慧故事 ZHIHUI GUSHI

古往今来，有很多人都善于扬长避短，充分发挥自己的长处，让自己获得成功。比如春秋时期，孙膑为了帮助田忌和齐王赛马时赢得胜利，为他想了一个办法：用下等马对齐王的上等马，上等马对齐王的中等马，中等马对齐王的下等马。这样一来，还是用原来的那些马，却能够三局两胜，获得赛马的胜利。由此可见，充分发挥自己所长，以己之长，攻人之短，才能获得成功。真正想要有一番成就的人，要尽量避免暴露自己的缺点和短处，更不能拿自己的短处去跟别人的长处相比。

李左车是战国名将李牧的孙子，很有谋略。秦朝末年，群雄并起，李左车辅佐赵王歇。

公元前204年，韩信准备发兵攻打赵国。他早就知道李左车智谋过人，就下令说："活捉李左车的人，赏赐一千金。如果谁送来死的，不但得不到赏赐，还要受军法。"

在交战过程中，李左车给主帅陈馀提出了很好的建议，但是陈馀并未把他的话放在心上。最终，赵军大败，李左车也被活捉，五花大绑送到了韩信面前。

韩信并没有因为李左车是俘虏而羞辱他，反而对他十分恭敬，亲自为他解开了绳子，并让他坐在尊贵的右方座位。

之后，韩信恭敬地请教道："先生谋略过人，我早有耳闻，如今我有一件事想请教您，还望您不吝赐教。"

李左车原本以为韩信会杀掉自己，听到他这么说，不免有些吃惊。

韩信问："我打算向北攻打燕国，向东进攻齐国，不知道您对此有什么看法？"

李左车见韩信一点儿架子都没有，还对自

己这个俘虏十分优待，心里也就没那么紧张了，说："我只是个俘虏，哪有资格参与军机大事呢？"

韩信笑着说："要不是陈馀狂妄自大，不听您的建议，我早就被抓了。也多亏他这么狂妄，我才有机会拜您为师。如今我是诚心诚意地向您请教，还望您不要拒绝。"

李左车见韩信态度诚恳，就真诚地说："我认为，眼下并不是攻燕伐齐的好时机。严重点儿说，这可能是一个致命的错误。"

韩信急忙问："先生为何这么说呢？"

李左车说："将军用三万军队在如此短的时间里击败了二十万赵军，威名赫赫，这辉煌的成就充分显示了您的长处和优势。但是现在，虽然您看起来气势磅礴，但掩盖不了军队潜在的疲劳，这是您的劣势和弱点。如果您现在把这支疲惫的军队派到前线去，只会造成无法战胜敌人的困难局面。这样一来，您的弱点就会暴露在敌人面前，时间长了，粮草耗尽，您就只能坐以待毙了。"

一向骄横不羁的韩信听了这番话，十分认同，对李左车更加敬佩。他越发谦虚地问李左车："那您觉得，我现在该怎么办呢？"

李左车自信地答道："我认为，善于用兵的人都会扬长避短，绝对不会用自己的短处去攻击别人的长处。眼下，将军不妨暂时停

第二篇 灵活应变，离成功更近一步

止一切军事行动，在赵国休养，并好好治理赵国，以赢得民心。燕国的统治者和百姓看到您的勇气和仁慈，就不敢违抗您了。在连锁反应中，强大的齐国也只能跟随将军。安定了燕国和齐国，击溃了他们的士气，一切都会对将军有利。即使有什么问题，也会解决的。"

　　韩信权衡了一下，觉得这个计划很高明。他按照李左车的计划，把赵国管理得很好。之后，他派人劝降燕国和齐国，达到了不战而胜的目的。

思考时刻 SIKAO SHIKE

　　在用兵的时候，如果可以做到扬长避短，就能大大减小行动的阻力，提高效率。韩信就是用这种方法，实现了"不战而胜"的目的。

反观一代枭雄曹操，他坚持让不会打水仗的北方士兵去长江天堑，和善于打水仗的东吴子弟作战。最终，手握八十万大军的他败走华容，令人唏嘘。

　　识人做事，要懂得扬长避短，因为每个人的情况都不一样，有的人善于这个方面，也有的人善于那个方面。有的人年少有为，有的人大器晚成。因此，学会知道别人的长处，避开自己的短处，是十分重要的。

　　甲虫会靠着自己坚硬的甲壳来保护自己，螯虫会用自己的毒针向对手发起攻击。就连动物都知道发挥自己的长处，我们人类更应该懂得这一智谋。

温故知新 WENGU ZHIXIN

　　唐朝时期有一个木匠，连自己的床坏了都修不了，说明他的斧凿锯刨技术很差。但是这个木匠说自己可以造房，对此柳宗元十分怀疑。有一次，柳宗元路过一个地方，发现这个木匠在指挥其他工匠造屋。工匠们在他的指挥下，有条不紊地完成工作。对此，柳宗元十分感慨。

　　那么，我们应该如何看待这个木匠呢？如果因为他不是一个好的木匠，就不给他机会，那就会错过一个出色的工程组织者。由此可见，如果让一个人发挥长处，让他充分发挥才能，就能实现他的价值。如果只是盯着他的短处不放，那只会让他被埋没。因此，判断一个人应该多发挥他的能力，而不是只关注他的缺点。就像《水浒传》中的时迁，很多人觉得他偷鸡摸狗，上不了台面。但是军师吴用看中了他飞檐走壁的能力，将他的长处派上了用场。

容人之短

唐朝有一个大臣，名叫韩混，他非常善于识人。

有一天，韩混正在办公，一个年轻人带着一封推荐信来找他，想求个一官半职。韩混对这个人不了解，不敢贸然答应，就设宴款待他，准备在交谈过程中对他进行深入了解。

席间，韩混看似不经意地问了年轻人几个问题，但是年轻人回答得都言简意赅，看起来并不是一个擅长言辞的人。而且在韩混向他敬酒的时候，他也说不出什么客套话，应该是一个不谙世故的人。

吃完这顿饭，韩混对这个年轻人就有了大概的了解。年轻人觉得自己表现不好，不讨喜欢，想要告辞。没想到韩混却说："你就留下来做'监库门'吧！"

这个官职相当于现在的仓库管理员，年轻人一听，喜出望外，又有些不解地问："您应该也看出我的缺点了，为什么还要用我呢？"

韩混笑着说："我看你铁面无私，把仓库交给你，我会很放心。"

果然，这个年轻人上任后，仓库的东西再也没有出现过损失。

在用人之长的同时，也要学会容人之短。这个"短"有两方面，一是这个人本身所不擅长的地方，二是这个人犯了一些错误。要知道，错误和失误是不可避免的，如果我们不能原谅有才能的人的错误，就会面临无人可用的窘境。

所谓"尺有所短，寸有所长"，一切生物都有其优势，但也必然有其相对劣势。只有扬长避短，才能取得成功。如果忽视自己的长处，只盯着自己的短处，并拿自己的短处和对手的长处做比较，就是在自取其辱。

4 循序渐进，不要急于求成

欲速则不达，如果急于求成，很有可能以失败告终。不管做什么事，都要学会高瞻远瞩，循序渐进，等时机到了，目标也就达成了。

思维火花 SIWEI HUOHUA

人生就是如此，越想快，可能离美好的东西越远，就算勉强得到，也会转瞬即逝。任何美好的东西，都需要我们踏踏实实地努力才能得到，也能更长久。

当今社会，过快的生活节奏让很多人浮躁，做任何事都想尽快取得结果。看到别人成功了，自己也想成功，却看不到别人付出的汗水和努力。

成功的路上没有捷径。我们从婴儿长成人需要十几年的时间，大自然的果实需要缓慢生长才能完全成熟。想要做好一件事，我们需要经历成千上万次的学习和实践，所有这些都需要时间，这就是不可违反的规律。

智慧故事 ZHIHUI GUSHI

急于求成的宋神宗

十九岁时，赵顼登基，史称宋神宗。当时，宋朝表面很繁荣，但内部已经岌岌可危：国库空虚，官僚腐败……这一切都需要他去解决。

赵顼很有雄心，希望宋朝强大起来。因此，他不但支持王安石变法，还发兵攻打西夏，力图收回失地。宋史记载："其即位也，小心谦抑，敬畏辅相，求直言，察民隐，恤孤独，养耆老，振匮乏。不治宫室，不事游幸，厉精图治，将大有为。"按照这个趋势发展下去，他能够成为一代明君。

但由于王安石的新法触及了上层阶级的利益，刚开始推行时就

遭到上层阶级的强烈反对，就连皇太后和皇后都加入了反对变法的阵营。同时，由于新法本身有许多不足之处，它也遭到了苏辙、司马光等大臣的反对。面对这样的局面，宋神宗开始动摇变法的决心。虽然王安石已经做好准备应对保守派，但改革派之间也慢慢出现了分歧，这对王安石的打击尤其沉重。并且，宋神宗也不像前些年那样支持王安石，有时候甚至会不在意他说的话。

失去了皇帝的支持，变法不可避免地走向了失败。变法失败影响深远，直到宋神宗去世多年后，新旧党争都没有停止。

宋神宗为了保住皇位，争取大臣们的支持，所以向守旧势力妥协，导致王安石两次罢相。即便如此，他依然没有改变通过变法强

国的初衷。他一方面安抚守旧派大臣，将被革职降职的老派大臣重新起用，另一方面坚持改革，平衡新旧势力。

宋神宗不但试图通过变法改变现状，还很关注局势。他反对向辽、西夏妥协，面对虎视眈眈的邻国，他的态度也十分强硬。他在位期间，亲自主持了两次重大军事行动：一次是反击交趾，另一次是讨伐西夏。

熙宁八年（公元 1075 年）九月，交趾发兵攻打古万寨（今广西扶绥）。两个月后，交趾又派出一支六万人的军队，对广西路（今广西）发动大规模进攻。次年二月，宋神宗派郭逵率军与交趾军队作战。宋军取得了一系列胜利，收复了许多失地，还攻入了交趾国。交趾国王李乾德迫于无奈，只好投降，此后再也不敢觊觎大宋的领土。

对西夏的战争是宋神宗对变法的检验。王安石刚开始变法时，王韶递交了《平戎策》，说"欲取西夏，当先复河（今甘肃临夏）、湟（今青海乐都）"，便可两面夹击西夏。熙

第二篇　灵活应变，离成功更近一步

宁五年（公元1072年），宋朝派王韶招抚吐蕃诸部，最终在熙河地区扩大了方圆一千多里的领土，并招抚吐蕃各部三十余万人。从长远来看，这一举措得不偿失。北宋削弱了吐蕃的政治权力，自己又无法维持该地区的长期稳定，实际上是帮助了西夏。

西夏的李元昊死后，他的儿子谅祚登基，称夏毅宗，并立了梁氏为皇后。但是短短几年后，夏毅宗就病逝了，他七岁的儿子秉常继位，生母梁太后掌权。为了树立威信，她发兵攻打了秦州等地。元丰四年（公元1081年），秉常想把河南的地方归还宋朝，却被梁太后软禁。一时间，西夏内部纷纷扰扰，很多部落趁机拥兵自重。

元丰四年（公元1081年）七月，宋神宗借口秉常被幽囚，派五路大军进攻西夏。王韶听说此事，劝告宋神宗不要小题大做，反而惹得宋神宗不高兴，被降了职。没多久，王韶就病逝了。

双方刚开战时，宋神宗不断收到捷报，十分高兴，马上下令对兴州、灵州发起总攻。

刘昌祚带兵率先冲到了灵州城下，准备攻城。但是高遵裕担心刘昌祚会夺得首功，很是嫉妒，就让他等自己到了之后再一起攻城，等高遵裕到了灵州，战机早已贻误，宋军就这样错失了大好机会。西夏军队做好了充足的防御准备，又挖了水渠引来黄河水，切断宋军补给，导致宋军惨败。

最终，五路大军都以失败告终。

思考时刻 SIKAO SHIKE

宋神宗刚登基，就急于改变许多已经存在了上百年的规章制度。发动对西夏的战争时，他也犯了过于急躁的错误。他不知道宋军战斗力不高，坚持要孤军深入，导致惨败，这一切都是心急造成的。

欲速则不达。不管做什么事，都要有一个过程，在这个过程中，人才能逐渐强大起来。急于求成，只能事与愿违。大多数人都知道这个道理，却总是与之背道而驰。

学习也是如此。学习要循序渐进，千万不能急于求成。打好基础，才能学得更多更好。

温故知新 WENGU ZHIXIN

战国时期，宋国有个农夫，每天从早到晚在地里干活。

那天，农夫在地里干了一天活后，疲惫地坐在垄上，望着田里的秧苗发呆，心想：我干了一天活，这些秧苗怎么没见长高哇？

想到这里，农夫的脑海里突然萌发了一个念头：既然秧苗长得慢，那我就帮助它们快点儿长高！

第二天，农夫一大早就出去了。到了地里，他伸手把禾苗拔高，还自言自语地说："禾苗，我要帮你长高！"

就这样，农夫在地里忙活了一整天。当他看到禾苗比早上长得高得多时，才满意地回家了。

刚一进门，农夫就兴奋地对家人喊道："今天我差点儿累死了，但是我很高兴，因为我让咱们家地里的秧苗长高了好多！"

家人觉得有问题，立刻赶到田里，这才发现：原来青翠的秧苗全都枯萎了。

揠苗助长

农夫希望禾苗长得更快,就把它们拔了起来。表面上看来,它们似乎长得更高了,但结果呢?它们很快就枯萎了,农夫一年的收成也没有了。

也许农夫不知道,这种急于求成的心态,只会让结果弄巧成拙。众所周知,春天播种要到秋天才能收获。农夫应该做的就是给禾苗施肥、灌溉、除草、防治病虫害,秋天到了,自然可以收获,如果强制让禾苗长高,最终的结果只能是颗粒无收。

这个故事告诉我们,客观事物的发展都有自身的规律,一旦违背客观规律,就会把事情弄糟。因此,不管做什么事,我们都不能心急,只要踏踏实实地做好每一步,自然会有好的结果。

第二篇 灵活应变,离成功更近一步

5 能伸更要能屈，顺势而为

俗话说：大丈夫能屈能伸。"屈"并不是真正的软弱，只是一种权宜之计。如果自己的实力不如别人，硬碰硬只能吃亏，这个时候，"屈"就是一种很好的策略。等到双方的力量对比发生变化后，再去"伸"。

思维火花 SIWEI HUOHUA

"能屈能伸"分为"能屈"和"能伸"两部分。"能屈"体现在外在，是懂得进退，而"能伸"的本质是自信。如果内心不自信，是无法做到"能伸"的。

在和别人的交往过程中，不能骄傲自满，觉得自己比别人都优秀；也不能看轻自己，觉得自己不如别人。要知道，能屈能伸并不是刻意追求的，而是需要有清晰的自我认知。

智慧故事 ZHIHUI GUSHI

司马懿能屈能伸夺大权

三国时期的司马懿是一个能屈能伸的人。魏明帝曹叡死后，太子曹芳即位。大将军曹爽和太尉司马懿共同辅佐朝政，曹爽虽然是皇族，但他的能力和资历远不如司马懿。起初，他十分尊重司马懿，听司马懿的话。

后来，曹爽的心腹提醒他："权力不能分给外人。"曹爽以皇帝的名义，对司马懿明升暗降——表面上提拔他为太傅，实际慢慢剥夺了他的军事权力。之后，曹爽将自己放在重要的职位上。司马懿虽然明白他的意图，却假装不在意。

曹爽手握大权，十分高兴，过起了花天酒地的生活。为了树威，他还发兵攻打蜀汉，没想到大败而归。

司马懿表面上不动声色，实际上早有盘算。因为他年事已高，就以生病为借口，不去上朝。

曹爽听说司马懿病了，正中下怀，但是他不确定司马懿是不是真的病了，就想派人去打探一下。正好他的亲信李胜要去荆州赴任，需要和司马懿告别。曹爽就叮嘱他，让他观察一下司马懿是不是真的病了。

李胜来到司马懿的卧室，见他正在床上躺着，两个丫头伺候他喝粥。他没有用手碰碗，而是用嘴喝。没喝几口，粥就顺着嘴角往下流，流得衣服上到处都是。李胜在一旁为司马懿感到难过。

李胜对司马懿说："蒙皇上恩宠，我被任命为荆州刺史，马上就要动身了，我是来向您告别的。"

司马懿有气无力地说："并州在北方，距离胡人不远，你千万要做好防备。我病入膏肓，恐怕再也见不到你了。"

"您听错了。"李胜说，"我到荆州去，不是去并州。"

司马懿还是听不清，李胜又大声重复了一遍，司马懿终于听清楚了一点儿，说："我年纪大了，耳朵有些背，听不见你的话。"

李胜离开司马懿家，把所见都告诉了曹爽，说："太傅时日无多，您不用担心。"曹爽十分高兴，觉得司马懿不足为虑。

　　公元249年新年，曹芳出城扫墓，曹爽和他的兄弟们以及他信任的大臣们陪同前往。司马懿"病"得很重，当然没有人邀请他。

　　曹爽等人一出皇城，司马懿就"痊愈"了。他穿上铠甲，威风凛凛，带着两个儿子司马师和司马昭，率军攻陷了城门和兵库，并假借太后的命令，免去了曹爽的军衔。

　　等曹爽收到消息时，他已经离城很远了。此时他十分着急，不知道如何是好。有人建议他，不如挟持曹芳做人质，退到许都，集结兵力对抗司马懿。

　　但曹爽和他的兄弟们只知道花天酒地，根本没有这个胆子。

　　司马懿派了人来劝降，只要曹爽交出兵权，就不会为难他。曹爽信以为真，于是投降了。

第二篇　灵活应变，离成功更近一步

几天后，有人告发曹爽等人谋反，司马懿立刻将他们全部关进了监狱，最终将他们处死。

就这样，司马懿靠着"能屈能伸"的策略，成功地消除了自己争权夺利路上的绊脚石，把曹魏的军政权力牢牢抓在自己的手中。

思考时刻 SIKAO SHIKE

对于意志坚韧的人来说，苦难是考验也是财富，但是对于意志薄弱的人来说，苦难就是一道难以逾越的沟壑。想要成功，就要有远大的志向和坚韧的品格，而能屈能伸自然也包含在其中。有时候，屈服并不是一种妥协，而是一种克服困难的理性包容。

人情冷暖，世事无常，人生的道路上，难免会遇到崎岖坎坷。当你遇到困难的时候，也许退一步就会找到新的方向。

当你一帆风顺的时候，也一定要有谦虚的心态和美德，不能得意忘形。

到处展示力量意味着你"不是很强大"；处处示弱也并不意味着你不强大。真正强大的人，通常都是"虚怀若谷"，而不是四处炫耀。

温故知新 WENGU ZHIXIN

唐朝时期，马祖道一禅师和他的弟子隐峰禅师都是著名的禅师，二人经常在一起参禅悟道。作为老师，马祖禅师的禅道较隐峰禅师略高一等。

某天，隐峰禅师推着一辆载着经书的大车从马祖禅师身边经过。马祖禅师坐在藤椅上休息，脚正好挡住了隐峰禅师的去路。隐峰禅师想要往旁边让一让，但是路太窄了，他根本过不去。于是隐峰禅师让老师把脚缩回去，没想到马祖禅师却不讲理地说："我只伸不缩。"

隐峰禅师听后，针锋相对地说："那我只会前进，没有后退。"

两个人争执不休，谁也不愿意让步。

隐峰禅师担心误了正事，不管不顾地推着车往前走，从马祖禅师的脚上压了过去，把马祖禅师疼得龇牙咧嘴。

马祖禅师回到寺里，找来一把锋利的斧头，召集众人登堂讲法。弟子们见他气势汹汹，都感到不安。他挥舞着斧头说："刚才谁从我脚上碾过去了？我要把他的头砍下来！"

弟子们面面相觑，大气都不敢喘。

这时，隐峰禅师赶紧走上前，伸长着脖子。见他不害怕，马祖

禅师放下斧头，平静地说："你对你的未来没有犹豫，可以在大千世界随意行走。"

隐峰禅师听后，缩回脖子，向马祖禅师鞠躬，然后跪拜。

马祖禅师又称赞道："能进能退，乃真正法器。"

听了这话，每个人似乎都明白了什么。

避开锋芒

人生什么时候该进，什么时候该退，其实很难有定论，所以懂得取舍，把握分寸是难能可贵的。面对强大的敌人，暂避其锋是明智的，但这并不意味着妥协和放弃，而要利用间隙，及时调整节奏、充分准备，然后避其锐气，击其惰归。努力进取，张驰有度，自然会得到你应得的。

不管做什么事，都讲究一个"度"，该前进的时候要前进，该退让的时候一定要退让，进退有度。这个"度"在哪里？你如何掌握它？其实道理很简单，阅历多了，自然就懂得进退。

纵观古今，聪明的人有很多，但只有能把"度"掌握好的人才能成就伟业。他们遇到困难的事情，能审时度势、进退有据，机智坚毅地去扫除障碍，人生自然是豁达的。当我们收敛自己的锋芒时，你会发现，退一步并不是懦弱，而是真正的强大，退却是一种智慧。正如水没有固定的形状，但可以根据外界的变化自行调整，才能立于不败之地。

第二篇　灵活应变，离成功更近一步

6 灵活应变，才能成功

《易经·系辞》中说："一阖一辟谓之变，往来不穷谓之道。"不管是做人还是做事，都要学会感知变化。可以以史为鉴，但是不能拘泥于历史。可以效仿别人的做法，但是不能生搬硬套。

思维火花 SIWEI HUOHUA

正如《易经》所说，"变则通"，当你的处事方式不利于获得成功时，更换策略或许可以让你更容易成功。从以往的失败中总结出一些经验，然后学以致用。

水没有固定的形状，但能源远流长。云没有固定的姿态，但能自在从容。学会改变，拥抱改变，接受改变，是情商高的表现。不拘泥于一种模式，在保留信念和初心的同时，对外变通，对内坚持。

智慧故事 ZHIHUI GUSHI

刘秀的隐忍

西汉末年，王莽篡位称帝，改国号为新，并实行变法。因为他倒行逆施，导致天下大乱，百姓苦不堪言。

　　刘秀是汉高祖刘邦的第九世孙，出自汉景帝的儿子、长沙定王刘发一脉。作为刘家的子孙，他不愿意看到汉室江山落到一个外姓人手中。想要从王莽手中夺回政权的人很多，并不是每个人都能做到。但刘秀不一样，仿佛是天选之人。据说他出生的时候，红光照耀整个房间。刘秀的父亲很吃惊，担心是什么不祥之兆，就找算命先生问。算命先生推演了一番，只说："这是一件幸运的事。"刘秀的父亲还想再问，就被算命先生以"天机不可泄露"为由打发了。

　　九岁时，刘秀成了孤儿，他和兄妹的生活没了着落，只好住到了叔叔刘良家，开始了寄人篱下的生活。他的兄弟们都想光复汉室，于是到处招兵买马。只有刘秀默默地在地里辛勤干活，所以他的兄弟们经常取笑他，认为他没有什么志向，以后成不了大事。

　　王莽登基后统治残暴，激起了民众的不满，再加上遭遇了水、旱等天灾，哀鸿遍野。刘秀见天下确有乱象，民不聊生，正是行动的好时机，就决定起兵。

据史书记载，刘秀很有谋略，做事小心谨慎，有一种与生俱来的领导气质，在谋划时有先见之明，还能灵活应对。

更始元年（公元23年）二月，汉朝宗室刘玄被绿林军拥立为帝，称更始帝。对此，刘秀的哥哥刘縯等人极为不满，但是因为实力不足，只得暂时忍耐。之后，刘縯被封为大司徒，刘秀被封为太常偏将军。

在昆阳之战中，刘秀以少胜多，赢了王莽，立下大功。但他的长兄刘縯却被更始帝无故杀死了。对于孤儿刘秀来说，长兄是他最亲近的人，无论如何，他都要为长兄报仇。

但是刘秀隐藏了杀兄的仇怨，选择韬光养晦，亲自到更始帝面前为长兄请罪，称不再和长兄的部下来往。刘秀在众人面前一如平常，但独居时就不吃酒肉，经常暗暗流泪。更始帝见刘秀这么谦恭，还杀了王莽，立下赫赫战功。因此，更始帝不但没有猜忌刘秀，还将他封为"武信侯"。

刘秀清楚，就算自己暂时没有被更始帝猜忌，将来也很有可能步长兄的后尘。于是他忍辱负重，暗中积蓄力量，最终于公元25年称帝。更始帝则在赤眉军和刘秀大军的两路夹击之下，战败投降。

在用武力说话的年代，如果没有善于变通的头脑，只凭意气用事，也许就没有后来的光武帝了。

思考时刻 SIKAO SHIKE

成功之路不可能一路坦途，在前进过程中，我们难免会遇到很多阻碍，学会变通，就尤为重要。如果这种方法行不通，我们就要换一种方法，千万不能一条道走到黑。

世界充满了激烈的竞争，所有的事物都在不断地发展变化。如果不能在矛盾冲突中找到立身之法，就很容易被淘汰。历史上有很多杰出的人物，或者规模庞大的公司，因为无法适应形势，渐渐退出了历史舞台。而一些善于处理危机的人，却可以化险为夷，立于不败之地。

要注意一点，不要遇到困难就退缩，认为这是以不变应万变。正确的方法应该是调整策略，积蓄力量，等待机会的降临。只有这样，才能在时机到来时，一举爆发，获得成功。

温故知新 WENGU ZHIXIN

秦朝是由战国时期的秦国发展起来的中国历史上第一个统一的封建王朝。战国时，秦国是位于西北的小诸侯国。一开始，秦国十分弱小，经常被其他国家欺负。秦孝公即位后，立志要让秦国强大起来。为此，他开始招贤纳士。

当时有一个小国叫卫国，卫国有一个名叫商鞅的人。一开始，他投奔了魏国国相公叔痤，担任中庶子。公叔痤弥留之际，向魏惠王推荐商鞅，但是魏惠王并没有重用商鞅。公叔痤去世后，商鞅听说秦国正在招贤纳士，就来到了秦国，在景监的帮助下见到了秦孝公。第一次见面时，秦孝公听商鞅讲了一会儿就开始犯困，并没有任用他。第二次见面时，秦孝公依然没有接受他。第三次见面时，商鞅用霸道之术游说，虽然得到了秦孝公的肯定，却依然没有被任用。最后一次见面的时候，商鞅谈到了富国强兵之策，引起了秦孝公的兴趣，二人彻夜长谈，意犹未尽。

公元前369年，秦孝公打算在秦国实施变法，又担心国人不

支持，有些犹豫。为此，他在朝会时让大臣们商讨此事。一些旧贵族代表对变法表示反对，并说出了很多理由。对此，商鞅一一进行了驳斥。

为了赢得百姓的支持，商鞅让人搬来一根圆木立在国都市场的南门，说只要将它搬到北门，就可以赏赐十金。一开始，百姓们都不相信，只是在一旁看热闹。商鞅见状，就把奖金提高到了五十金。终于有一个人抱着试试看的心态站了出来，把木头搬到了北门，果然拿到了五十金。百姓们见商鞅言而有信，都开始支持他。

自此，商鞅开始实施变法。商鞅很重视农业发展，他认为，如果一个国家想要强大，必须让人民能够养活自己。此外，他还主张废除一些过时的制度。商鞅提议禁止私下斗殴，并鼓励成年男子参军。由于秦孝公的支持，商鞅改弦更张时，没有人反对他。后来，经过变法，秦国越来越强大，成为战国七雄之一。

只可惜，随着秦孝公的离世，商鞅也走上了末路。

商鞅被公子虔诬为谋反，战败死于彤地，尸身被车裂，结果令人唏嘘。但是，商鞅变法带来的好处却是有目共睹的。

在之后的一百多年里，秦国的君主很好地继承了前任君主留下的基础，让秦国变得越来越强大。

嬴政即位时，看到了统一天下的契机，而且当时秦国的实力已经在各国中数一数二。于是他用了不到十年的时间，将其他六国消灭，统一了中国，建立了秦朝。

顺应天时、地利、人和

俗语云："树挪死，人挪活。"人不可能永远停留在原地，只有改变才能有新的发展。一个人越懂得适应局势，就越容易在正确的时间做出正确的选择，至少可以把风险降到最低。只有看透事物的发展，并适时做出改变，才能把握现在，创造未来。

很多时候，我们认为必须在两个艰难的选项中选出一个可以接受的。事实上，难道生活只有两种选择吗？并不是，我们实际看到的，并不是全貌。如果懂得纵观全局，也许你会发现，还有很多选项。

生活在这个世界上，我们总是会遇到一些意想不到的难题。不懂得改变自己的人，焦虑、浮躁，甚至莽撞行事，事后再后悔为时晚矣。而懂得调整言行的人在处理问题的时候会十分理性，不会陷入被动。

7 适时放弃，切勿画地为牢

为人处世其实是一门平衡的艺术，既要兼顾各方的利益，又要顾及自身的长期利益，将事情的前因后果考虑在内。不能盲目前行，不能不撞南墙不回头。

思维火花 SIWEI HUOHUA

人的思维并不是固定的，而是跳跃的。因此，放弃毫无意义的固执是明智的，这样你就能把事情做得更好。虽然坚持是一种良好品格，但是对于某些事情来说，过度的坚持只会浪费人力、物力、财力。

做任何事情都要有大局观，不能只抓住某个点不放，更不能和自己较劲。一旦发现此路不通，一定要学会适时放弃。放弃不是消极地退缩，而是主动地突围，以便选择更适合自己的方法。面对阻碍你进步的事物，果断地放弃也是一种破局。

智慧故事 ZHIHUI GUSHI

不懂放弃的马嘉鱼

马嘉鱼是一种美丽的深海鱼类，有着银色的皮肤、燕子般的尾巴和大而圆的眼睛。平时它们都生活在深海中，在春夏之交会溯流而上，然后随着潮水漂到浅海产卵，形成鱼汛。对于渔民来说，这是捕捉马嘉鱼最好的机会。渔民的方法很简单：在一面网眼粗疏的渔网下面系上铁块，扔进水里，再用小船拖着渔网，拦截鱼群。

有人对此表示怀疑，因为渔民们用的渔网网眼很大，而且三面都是敞开的，这怎么可能捕到鱼呢？但现实是，渔民们利用这种办法捕获了很多马嘉鱼。

这到底是怎么回事？

原来，这种鱼不仅脾气很坏，还固执地装出一副"矜持"的样子，不知道判断形势。当遇到障碍物时，它们不会转身，越是被阻挡，它们越是向前冲，就这样一条接一条地冲到了渔网中。随后，渔网就会收紧。而渔网越紧，马嘉鱼就越生气，就越拼命地向前冲。最终，好强的马嘉鱼就牢牢地卡在了网眼中，被渔民捕获。

马嘉鱼之所以会丧命，是因为太迂腐，不懂得后退，不懂得适时放弃，适时转身。它就像我们人生的一面镜子，遇到障碍时，如果只是一味地向前冲，下场就会和马嘉鱼一样。因此，每当遇到无法战胜的挫折和困难时，与其一条道走到黑，不如及时调整目标，改变思维，换一条路，也许会有更加光明的未来。我们常说坚持到底就是胜利，仔细想想，懂得适时放弃又何尝不是一种智慧呢？

　　作家林语堂说："明智的放弃胜过盲目的执着。去吹吹风吧，能清醒的话，连感冒也没关系。"如果能学会适时放弃，将那些对自己造成困扰的人和事情抛之脑后，轻装上阵，那人生将会更加轻松。

思考时刻 SIKAO SHIKE

如果一只鸭子被鳄鱼咬住了一条腿，它应该怎么做呢？是

不停地挣扎，还是及早放弃一条腿？很多时候，我们面临的就是这样的情况：如果及早放弃，还可以减少损失；如果坚持下去，很可能造成无法挽回的后果。

每个人都有独属于自己的天赋，当我们在一直努力的方向上看不到光明的未来时，也许我们应该果断地放弃。放弃一条可能走错的路，找到真正适合自己的方向。

投资中有一个术语叫"止损"，也就是停止损失的意思。它是指在损失开始时采取必要的措施，以避免更大的损失。在一条错路上走到黑，不可避免地会走向死胡同。人要学会转身，撞了南墙再回头，为时已晚。

第二篇　灵活应变，离成功更近一步

温故知新 WENGU ZHIXIN

　　一个火头僧要做饭，发现没有油了，就吩咐一个小和尚去买。他递给小和尚一个大碗，对他说："回来的路上一定要小心，千万别把油洒出来。"

　　小和尚接下这个差事，就出了寺庙。买到油之后，他小心翼翼地端着油碗，不敢左顾右盼。不幸的是，快走到寺庙门口的时候，他不小心踩到了一个坑，一个趔趄，把碗里的油洒掉了一半。他十分不安，他的手因紧张而开始颤抖。等他回到庙里的时候，那碗油只剩下三分之一了。

　　火头僧接过油碗，见碗里的油所剩无几，十分生气，就把小和尚臭骂了一顿。小和尚十分委屈，忍不住落下了泪。

老和尚看到了，就对小和尚说："你再去买一次油，但是这次我有一个要求：你在回来的路上要多观察一些人和事，然后向我报告。"

回来的路上，小和尚不再关注手中的油碗，而是留心观察路上遇到的人和事。他发现，山路上的风景真的很美。远处是雄伟的山脉，近处是农民在耕地。走了一会儿，他看到一群孩子在路边快乐地玩耍，还有两位老先生在下棋。

于是，小和尚边走边看风景，很快就回到了寺庙。当小和尚把油递给火头僧时，他发现碗里的油一滴都没有洒出来。

人生是一段漫长的旅途，要走很长很长时间。乐观豁达的人，能让枯燥的旅行充满乐趣。

一只倒霉的狐狸中了猎人的埋伏，一只爪子被套子套住了，它毫不犹豫地咬掉了那只爪子，逃之夭夭。舍弃一条腿而挽救一条生命是一种处世哲学。在生活中也应该如此，把握好整体与部分的辨证关系，是高情商的表现。

学会放弃

生活中难免会出现一些不好的境遇，这时候我们要做的，也许是学会放弃，平静地等待转机出现，让自己对人生有一种超然的心态。就算达不到这样的境界，我们也要努力活得更洒脱。

人生是一份没有答案的问卷，也许一点儿遗憾，一点儿伤感，会让这个答案更有意义。振作起来，继续向前走。错过太阳，你还会得到星星。

在波涛汹涌的大海中，如果暴风雨来临，船要沉了，智慧的船长往往会扔掉沉重的货物，减轻船的重量。懂得放弃是一种智慧的象征，也是理性的表现。

在生活中，我们会面临各种各样的抉择和问题，但是要记住，鱼和熊掌不可兼得。当事情陷入困境，进退两难时，要学会灵活变通。在绝望的情况下，更要以壮士断腕的勇气果断放弃。

果断的放弃，不是懦弱的撤退，而是为了更好地得到，在放弃中重新调整战略准备新一轮的战斗。当事情陷入困境，进退两难时，灵活思考果断放弃，才能拥有更好的未来。

生活有付出和索取，并不是每件事都必须完美。真正勇敢的人不是在任何情况下都能回答"是"的人，而是有自己的判断能力，能直接说"不"的人。我们要懂得拒绝对自己不利的事情，也要懂得放弃那些会浪费时间和精力的事情。只有懂得适时放弃，才会成熟，人生才会轻松；只有懂得适时放弃，才能给自己一个新的开始。在适当的时候放弃，也许会收获别样的惊喜。

篇末问卷

1. 在什么情况下可以以退为进？
2. 你知道什么是激将法吗？
3. 你知道如何发挥自己的长处吗？
4. 你有没有做事心急的时候？
5. 你是一个能屈能伸的人吗？

第三篇 因势而变，才有优势

"穷则变，变则通，通则久。"唯物辩证法也告诉我们，万事万物都在发展变化之中，因此，我们要用发展的眼光看世界。在日常生活中，我们也要因势而变，顺应事物的发展规律，洞察身边的变化，知晓隐藏在事物变化发展背后的因果关系。

漫画剧场 MANHUA JUCHANG

吃货的觉悟

这天，妈妈给乐乐安排了一个任务……

乐乐，你去买条羊腿回来，妈妈给你烤羊腿。

太好了，又能吃肉了，我这就去。

乐乐来到超市，发现这里的羊腿已经卖光了。

羊腿

真倒霉，羊腿吃不成了，这可怎么办？

小朋友，这羊肉片不错，涮火锅可好吃了。

那就来二斤羊肉片吧，谢谢叔叔。

妈妈看着乐乐拿回来的羊肉片，有些疑惑。
我不是让你买羊腿吗，怎么变成羊肉片了？
羊腿卖完了，我看这肉片也不错，咱们改吃火锅吧。
也行，反正都是羊肉。不得不说，你还挺机灵。
那当然，在吃这方面我都是无师自通的。
要是你在别的方面也这么机灵就好了。
妈妈，做人不能太贪心！

1 依赖别人，不如依靠自己

人生有坦途，也有坎坷。当遭遇坎坷时，我们总是下意识地想要寻找为自己遮风挡雨的大树。殊不知，我们自己才是那棵大树。这个世界上，能让我们真正依赖的没有别人，只有自己。

思维火花 SIWEI HUOHUA

俗语有言："靠山山会倒，靠水水会流，靠自己永远不会倒。"我们的人生不可能一帆风顺，当遇到困难时，我们总是想要寻求别人的帮助。但时间是最好的老师，伴随着年龄的增长，我们能深刻认识到：在这个世界上，你只能依靠自己。生活中有许多例子能够验证。出门带伞，总比等着别人送伞要靠谱；学会自立，总比麻烦别人要坦荡。当我们身处困境时，能解救自己的人只有自己；当我们走到人生岔路口时，能最终做出决定的人，也只有我们自己。

智慧故事 ZHIHUI GUSHI

苏秦刺股成大业

苏秦年轻时跟随谋略家、纵横家的鼻祖——鬼谷子拜师学艺，刻苦钻研，想待学成之后下山谋取功名利禄。

当时正是战国时期，战事连连，群雄纷争，很多国家都想一统天下。

虽然各国都需要人才，可苏秦并未得到过赏识，外出游历多年，穷困潦倒，一事无成。无奈之下，他只好选择变卖车马，辞退随从，衣衫褴褛地回到自己家。

家人们看到他失魂落魄的模样，每个人对他的态度都是冷冰冰的。他的父母责怪他不成才，他的妻子见到他回来无动于衷，依旧坐在椅子上织布。他饥肠辘辘，央求嫂子给他做碗饭吃，嫂子却以家中没有柴火为由拒绝了他。苏秦回到自己的房间痛哭流涕，他感慨世态炎凉，发誓要潜心研究学问，总结之前的经验教训，力争干出一番事业。

从此以后，苏秦发愤图强，博览群书。一天，他无意间在书架上发现一本《阴符》。他曾听前辈讲过，只要将这本书研究透彻，所有天下大事都将迎刃而解。于是他挑灯夜读，夜以继日地读书。他在自己的书桌上放了一把锥子，每到夜深人静、困意十足时，他就用锥子刺自己的大腿，让自己清醒过来，继续全神贯注地读书。

苏秦花了一年时间研究《阴符》这本书，深刻领悟了书中的内涵，并发现了之前所提谋略的不足之处。经过改正以后，他先是游说秦王，但是秦王没有采纳他的谋略。他便游说其他六国，建议六国形成合纵之力，抵挡秦国。

终于，苏秦的谋略得到了燕王的认可，燕王重用他，并派他前去游说赵国。赵国答应结盟，并资助他去游说各诸侯国加盟，以订立合纵盟约。最终，苏秦佩带六国相印，赶回赵国复命。他的随从浩浩荡荡，骑兵步卒不计其数，他乘坐的马车前后都有旌旗，声势

浩大，宛如皇帝出行一般。各国见状纷纷赠送礼物，并派使者同行。他在返回的路上，刚好经过洛阳老家。他的家人们听说以后，急忙将屋子打扫干净，出城前来迎接他。看到他走过来，家人急忙跪地行礼。他的嫂子吓得瑟瑟发抖，头也不敢抬。

他询问嫂子为何对自己的态度前后反差如此之大，嫂子小声回复说："是因为您现在做了大官，家财万贯。"苏秦再次感慨世态炎凉。他不得不感谢那时挑灯夜读的自己，如果那时他甘于平庸，又怎么可能会有今天的成就。

他以前游说六国时，欠下一些债务，现在不仅一并结清，还多付了。有一个人登门要债，苏秦笑着说："我怎么可能把你忘了，我之所以将你放在最后，是因为你在我最穷困潦倒的时候弃我而去。"

苏秦成功说服六国，形成合纵。如果六国中的任何一个国家遭遇秦国的入侵，其他国家都会义无反顾去增援。合纵是对秦国最好的钳制，秦国在长达十五年的时间里，未曾进犯过六国。后来，秦国使用计谋，破坏六国的关系，诱骗齐国和魏国联合攻打赵国。赵王陷入被动作战的局面，他将这一切都归责于苏秦。苏秦为了免遭灭顶之灾，便请求出使燕国。随着苏秦的离开，合纵策略也瓦解了。

思考时刻 SIKAO SHIKE

当我们遭遇生活的打击时,身体或者心灵总会留下或多或少的创伤。这些创伤伴随着时间的推移会被慢慢抚平,我们也将在岁月的陪伴下获得成长。当身处困境时,我们不应坐等别人营救,而应该自己寻找方法,成功爬上岸。那一刻,我们会为自己而感到骄傲和自豪。

温故知新 WENGU ZHIXIN

朱元璋深刻领悟到依靠他人是不能得到大发展的道理,所以,他一心想要自立门户。

起初,他参加红巾军起义,投靠郭子兴。朱元璋入伍后,作战勇敢,颇有计谋,很快得到了郭子兴的赏识。

第三篇 因势而变，才有优势

　　后来，元军入侵濠州，而城内诸将争权夺利，朱元璋见此，便决心培植自己的力量。于是朱元璋回乡募兵，同村或邻村的人都听说朱元璋在义军中做了首领，纷纷投奔于他，很快朱元璋就招募了七百多人。回到濠州后，郭子兴十分高兴，立好提拔他为镇抚。

　　朱元璋招募的这七百人个个勇猛善战，他们当中的许多人都成了明朝的开国将领。朱元璋对他们掏心掏肺，他们也都忠心耿耿地效忠朱元璋。最终，他们在朱元璋的带领下攻城拔寨，称帝于南京，建立明朝。

勇于开拓

　　人一生最大的坚强靠山，只有自己，唯自己能走遍这千山万水，唯自己能斩尽这所有荆棘。人生之路存在太多未知数，我们谁都没有预测未来的能力，我们唯一能把握的只有现在。我们都明白"千里之行，始于足下"的道理，只有亲身经历，亲自实践，鼓起勇气克服困难，才能充实过完每一天。

走自己的路，做自己的事，在这个世界上，没有人是你永远的依靠。想要活得开心，就必须付出更多，虽然很多时候，你的付出没有太多的回报，但只有坚持，才有机会看到胜利的曙光。胜利，永远属于那个敢于开拓和坚持的人。

有句话说："你的成功只属于你自己，因为每一点骄傲和成就都是用你自己的汗水换来的。"每个人都羡慕别人的荣耀，却不知道在荣耀的背后，别人付出了多少心血。

很多人想着不劳而获，期望天上能掉下一个馅饼，或者找到一个靠山。但这是不可能的，人生在世，只有自己才是最强大的靠山。

我们每个人都有负重前行、步履维艰的时刻。在这个快节奏的世界里，没有人可以一直帮你。我们只能凭借自己的双脚，才能踏平坎坷，勇攀高峰。我们不要总是试图寻求其他人做自己的靠山，要知道美好的生活是由自己创造的，所有的胜利也都是靠打拼而来的。

勇于开拓、努力进取的人，运气不会太差。我们与其羡慕别人取得的胜利，不如自己策马扬鞭去追寻胜利。

2 学会暂时妥协，避免正面冲突

暂时妥协是人生道路上的重要策略，是在等待时机，创造条件，以求扭转乾坤，东山再起。暂时妥协，避免正面冲突是一种智慧的人生之道。

思维火花 SIWEI HUOHUA

我们总是把妥协看成是懦弱无能的表现。其实，一时的妥协是明智之举，当我们面对问题束手无策时，妥协就是最好的办法。在生活中，我们会遇到各种各样的变故，有些变故是可控的，有些却是面对那些不可控的变故或天灾人祸，我们要学会妥协。例如，我们要乘坐飞机外出旅游，恰巧遇上强对流天气，飞机延误无法起飞。我们可以改签航班或更换其他交通工具。学会暂时的妥协，能让我们避免很多麻烦，这有时也是一个不错的方法。

智慧故事 ZHIHUI GUSHI

勾践暂时妥协觅良机

生活中，我们常常会遇到许多岔路口。面对这些岔路口，我们要么选择其中的一条坚持走下去；要么选择妥协，放弃正在走的道路，另觅他路。暂时的妥协并不是懦夫之举，而是为了寻觅良机。在这方面，勾践的做法就值得我们学习。

吴越交战时，吴王阖闾战败，受伤而死。临死前，他叮嘱儿子夫差务必替自己报仇。夫差牢记父亲的叮嘱，每天练兵备战，随时准备攻打越国。勾践想要先发制人，便主动进攻吴国。没想到两年后，越国被吴国打败，越王勾践被围困在会稽山上，打算自杀。大臣文种急忙劝说道："深得吴王宠信的大臣伯嚭贪财好色，我们可以贿赂他，请他出面劝说吴王。"

勾践深以为然，立刻安排文种带着厚礼前去拜见伯嚭。伯嚭见到厚礼，心花怒放，同意带着文种前去拜见吴王。

文种向吴王表达了越国请求议和的想法，并且强调越王为了表达自己的诚意，甘愿来吴国做奴仆。伯嚭分析当下局势，劝说吴王接受议和。吴王不顾伍子胥的反对，欣然接受越国的议和，下令撤兵。越王勾践安排好越国国内事宜，便带着妻子和范蠡前去吴国当奴仆。他们兢兢业业地伺候吴王，把吴王交代的每件事情都做得无可挑剔。

三年之后，吴王决定放他们回国。

在吴国的三年时间里，越王勾践从来没有放弃过报仇的想法。等他回到越国之后，这种想法更加强烈。为了时刻提醒自己，他每天佩戴兵器睡在稻草上。不仅如此，他还在房间里挂上苦胆，并特意叮嘱站岗的士兵每天提醒他报仇雪恨。

为了增强越国实力，勾践命文种负责国家大事，范蠡掌管军事，他自己则带领全国百姓投入农业生产。勾践的做法换来全国百姓的支持，经过多年的发展，越国终于由弱变强。

而此时的吴国情况却不容乐观，吴王听信伯嚭的劝说，将伍子胥杀死，并且一心向外扩张。虽然最终称霸天下，但是吴国也为此付出了沉重的代价，整体国力明显下降。

公元前482年，夫差为了争夺诸侯盟主之位，率领大军参加与晋国的会盟。越王勾践乘虚而入，率领大军突袭吴国，吴国最终战败，太子友被杀。夫差听闻消息，率领大军赶回吴国，由于日夜兼程，大军疲惫不堪，最终战败，只能请求议和。勾践考虑到以越国现在的实力还不能灭掉吴国，只好答应议和。

公元前473年，吴越第二次交战，吴国战败，吴王夫差再次请求议和，勾践在范蠡的劝说下，拒绝议和。夫差走投无路，选择自杀。

勾践的暂时妥协是为了寻觅良机，我们如果遭受生活的重创，也要学会在逆境中勇往直前。

第三篇 因势而变，才有优势

思考时刻 SIKAO SHIKE

水随形而方圆，人随势而变通。妥协是达成最终目标的一种方法。现代社会许多人都爱面子，喜欢打肿脸充胖子。在他们看来，妥协是一件很没面子的事情，遇到问题，无论自己能不能处理，他们都不假思索，只知道往前冲。殊不知，我们不是超人，并不能解决所有问题。如果硬着头皮去处理事情，很有可能得到适得其反的效果。

学会暂时妥协，是避免正面冲突最好的方法。当我们面对问题，束手无策时，妥协也许能让我们心平气和地接受不同的声音，倾听别人的意见，静下心来寻找双方都能接受的答案。古往今来，那些脱颖而出的成功者，很多都有以退为进、暂避锋芒的蛰伏期，度过这一时期，才能完成蜕变，获得成功。

温故知新 WENGU ZHIXIN

公元200年，曹操带兵攻打刘备，徐州被曹军攻陷，刘备兵败而逃，妻儿被俘，只剩下关羽在下邳驻守。曹操很欣赏关羽的才能，想要收买他为自己效劳。但是，关羽是个讲义气的人，根本不愿意投靠曹操。

曹操的谋士建议采用诱敌深入的策略，一举攻占下邳，将关羽逼入绝境，这样他必定会投降。

曹操连连称赞该计谋，立刻派大将围攻下邳。关羽本来闭门不战，但曹兵不依不饶，居然在城外大骂关羽。关羽忍无可忍，带领三千士兵提刀出战，导致下邳失守。曹操派张辽前来劝说关羽归顺自己。张辽语重心长地帮关羽分析当下形势，并提醒他说，如今最好的办法就是投降曹操，这样不仅能保全自己，还能照顾好刘备的家眷。

最终关羽同意投降，却提出三个条件：一是只投降汉朝；二是拿自己的俸禄养活刘备的家眷；三是一旦有刘备的消息，就立刻放自己走。张辽全都答应。

曹操为了拉拢关羽，对他关怀备至，看他的衣服破烂不堪，便命人重新给他做了一套。结果，关羽依旧穿着旧衣服，因为这件衣服是刘备送给他的。曹操看到关羽的马瘦弱无力，便将赤兔马送给他，关羽欣喜若狂，急忙跪地拜谢。曹操询问原因，关羽回复说："赤兔马以日行千里、夜行八百而有名。有了它，当我得知刘备的下落，就可以第一时间赶去跟他会合。"

果然，当关羽得知刘备的消息之后，他不顾曹操的阻拦，闯过五处关隘，杀了六员大将，顺利与刘备相见。

关羽身处困境，被逼无奈，只好选择妥协，暂时归顺曹操。但是，他时刻不忘刘备，随时做好投奔刘备的准备，是忠义之士。

避免正面冲突

我们为人处世要学会见机行事，避免正面冲突，不能画地为牢，将自己困在惯性思维里。

我们的悲欢喜乐与我们的思维有很大的关系，遇到一件悲伤的事情，我们可能会泪流满面。但是，当你换一种思维，也许一切就变得不一样。懂得换位思考，我们的思维才能被调动起来，一切问题才能迎刃而解。

生活中，总有一些人在面对对手时，不能让步，针锋相对是他们一贯的作风。这通常发生在个性很强的人身上。他们从小就被教导要重视竞争，要赢，并认为这样做会显示他们的实力。殊不知，这并不一定会赢得上风，还可能导致双输的结果，不利于问题的解决和最后的胜利。

　　那么，如果遇到了对手，我们该怎么做呢？在面对他们时，我们应当做到以下三点：一是光明磊落，不使用小伎俩；二是不卑不亢，不刻意躲避正面冲突；三是面对对方的挑衅，能保持冷静。掌握以上三点，并将其用于实践中，相信必能有所收获。

3 大智若愚，不必事事明了于心

有大智慧的人懂得抓大放小。他们在处理日常事务时，有时看起来傻傻的。但这种傻并非真的傻，而是面对生活中的琐碎小事，他们不愿意斤斤计较，但在大是大非面前却坚守原则。

思维火花 SIWEI HUOHUA

大智若愚之人乍一看似乎非常愚蠢，实际上他们却非常聪明。真正的智者正是因为懂得保全自身，大智若愚，所以才能事事取得成功。

我们之所以常常形容大智若愚之人揣着明白装糊涂，是因为他们能洞悉问题背后的因果联系，一针见血地指出问题的关键。他们能控制自己的情绪和嘴巴，并不过多讨论琐碎小事。那些斤斤计较，凡事总想占便宜的人，是不会取得成功的。我们要练就分清主次的本领，将自己修炼成大智若愚之人。

智慧故事 ZHIHUI GUSHI

大智若愚的唐宣宗

唐宣宗李忱是唐朝最后一位有作为的皇帝，他在当皇帝之前，总是给人一种愚钝无知的感觉，整天沉默寡言。但是，当他登上帝位之后，却仿佛变了一个人。他进行大刀阔斧的改革，开创了"大中之治"。

据史书记载，李忱的母亲是侍女，出身低微。李忱因此不被唐宪宗所宠爱，长期在众兄弟之中默默无闻。李忱曾经做过一个梦，梦中的他坐着龙在天上穿行。他将这个梦境讲述给他的母亲听，他的母亲叮嘱他千万不要乱讲，免得招来杀身之祸。

李忱虽然沉默寡言，但是他毕竟是在皇宫内长大，目睹过无数的钩心斗角和尔虞我诈。他时刻提醒自己要谨言慎行，控制好自己的情绪和嘴巴。他从来不发表政论，制造他不懂政治的假象。

李忱虽然是唐武宗的叔叔，但是唐武宗非但不尊重他，还多次在公共场合嘲讽他。

后来唐武宗病入膏肓，时常昏迷。但是宦官把持朝政，不接受任何大臣的求见，就算是位高权重的宰相李德裕也无法进见。虽然唐武宗已经时日无多，却未设立太子，谁来继承帝位成了朝中上下议论纷纷的事情。他的儿子、兄弟、叔叔们都有继承权，加起来有几十个人。相比之下，无论是朝中的地位，还是背后的财力，李忱都不占优势。

但宦官们看中了他的劣势和沉默寡言，觉得可以操控他，就有意辅佐他登上皇位。宦官马元贽聪慧过人，他假传皇帝命令，命李忱负责监国，掌管朝中政事。等到唐武宗病逝后，李忱顺理成章地当上了皇帝。

李忱登基后，用了极短的时间便做了一件大事：免除李德裕的宰相一职，将他贬为荆南节度使，赶出京城。李德裕建功无数，曾辅佐唐武宗开创"会昌中兴"。但是，他大搞结党营私之事，在朝中争权夺利。不仅如此，他还看不起李忱，经常配合唐武宗羞辱李忱。

李忱对此怀恨在心，所以打算拿他第一个开刀。

李德裕被贬后，李忱将大权收归到自己手中。大臣们也从李德裕这件事上得到了一个信号：唐宣宗不是个软弱无能之人，反而杀伐决断、有勇有谋。

唐宣宗以唐太宗为榜样，立志建立清明社会。他勤政爱民，每天天不亮就带领大臣参加朝会，无论大小事宜，他都亲自做决定。他在处理事务时，能做到明辨是非，雷厉风行，朝中大臣无比敬佩。

唐宣宗效仿唐太宗善于纳谏的做法，广开言路，鼓励群臣进谏。只要进谏者的言论是正确的，他会逐一采纳。为了表达自己对进谏者虔诚的态度，唐宣宗在每次阅读奏折前，都会洗手焚香。

对于敢于忠言直谏的大臣，唐宣宗都会加以重用。魏谟是魏徵的第五世孙，继承了祖辈忠言直谏的传统。每当群臣欲言又止时，魏谟总能直言不讳，侃侃而谈，一针见血地指出问题的关键。唐宣宗不得不感慨，魏谟有他祖辈的风范，于是提拔他为宰相。

唐宣宗平易近人，是个细心的人。宫中杂役众多，由于他们身份低微，并不被人知晓。但只要是唐宣宗见过的人，他

都能一一叫出他们的名字。每当唐宣宗听说有哪个杂役生病了,他都会派御医前去察看,有时他甚至亲自察看病情。像他这样细心照顾下属的皇帝,在历史上屈指可数。

公元859年,唐宣宗病逝。之后的皇帝个个碌碌无为,唐朝自此没落。

思考时刻 SIKAO SHIKE

古人教我们做事要有大智慧,不议论别人的长短,不计较一时的得失,戒骄戒躁、谦虚谨慎。

每个人的情况不尽相同,但是作为青少年的我们,要做到谦虚谨慎、锐意进取,不断提升自己的能力,增长自己的才干。"满招损,谦受益。"我们要时刻保持谦虚的态度,倾听别人的声音，不因一时的成功而沾沾自喜，不因一时的失败而一蹶不振，用平和的心态面对得失和成败。

温故知新 WENGU ZHIXIN

相传在很久以前，舜命令大禹灭三苗。大禹给下属部署征服三苗的工作，并向各地部落发出征兵令，得到了部落首领的支持。

大禹为了确保获胜，决定自己率领军队出征，并带上他的儿子启。

起初，他的妻子涂山氏并不同意让启一同前往，担心儿子在战斗中受伤。但是大禹对她说："儿子已经长大了，应该让他去战场上历练一下。"

涂山氏想了想，觉得大禹说得有道理，就同意了。启出发前，涂山氏多次叮嘱他要听从父亲的命令，待在父亲身边，保证他的安全。

启点点头说："母亲不用担心，我一定会和父亲平安归来的。"

临行前，大禹举办了隆重的誓师大会，祈祷上天和祖先能保佑他们凯旋。

祭祀结束后，大禹便带领大军出发，朝三苗聚居的洞庭湖、鄱阳湖一带进军。双方进行了一个月的激战，三苗虽然深受重创，但是依旧负隅抵抗，利用湖网密布的复杂地形继续作战。

大禹的儿子启多次带兵进攻，始终未能取得突破性进展。随行的益建议说："就现在的形势而言，武力已经不能将他们征服，我们需要运用道德感化的力量，让三苗臣服于我们。舜德行极高，他不记恨父母对自己的虐待，依旧孝敬二老，最终将他的父亲感化，我们可以用同样的方法感化三苗。"

大禹听从益的劝说，选择撤军。舜听了大禹和益的建议，大力推广文德。两个月之后，三苗前来归顺。

大智若愚不骄傲

谦虚使人进步，骄傲使人落后。不因一时的胜利而骄傲自满，时刻提醒自己，做一个大智若愚之人。

生活中，那些自作聪明之人认为自己才华横溢，到处宣扬自己的优点。殊不知，言多必失，言谈举止之间，已经将自己的缺点暴露。大智若愚之人对成败得失有正确的判断，对身边的大小事情有清楚的认知。真正的智者大都是那些外表普通、内心丰富的人。

4 方法是解决问题的敲门砖

方法总比困难多，换一种方法，换一种思路，也许那些让我们束手的问题就会迎刃而解。面对问题时，我们要端正态度，调整心情，寻找对策。解决问题不仅需要刻苦和勤奋，还需要掌握科学的方法。

思维火花 SIWEI HUOHUA

方法是解决问题的关键，方法对了，一切问题都会迎刃而解。当我们遇到问题时，可能束手无策。在这个时候，我们需要提醒自己：静下心来，方法总比困难多。

成功者与失败者的不同之处就在于，成功者遇到问题时，分析局势，迅速找到解决问题的方法。失败者遇到问题时，总是怨天尤人，沉浸在抱怨中不能自拔。

面对困难，我们要端正态度，认真思考，找到正确的战胜困难的方法。只有这样，我们才能距成功更近一步。

华歆智退礼物

华歆是汉朝历史上有名的大臣，曾活跃在汉魏政权时期。他前期辅佐江东孙氏，后期被曹操重用，协助曹操平息外戚和宦官的叛乱。他一生为官清廉，做事谨言慎行，有勇有谋，为曹操父子的功绩立下汗马功劳，成为曹操父子的亲信。

华歆跟随孙权任职期间，就因为清正廉明、智勇双全、处事严谨而享有盛名。他为官勤政爱民，兢兢业业地做好府衙的每项工作。工作之余，他从不结党营私、招揽门客，反而命令随从将大门紧闭，谢绝任何宾客拜访。

当时曹操为了实现自己称霸的愿望，到处招贤纳士。他听闻华歆才华出众，便向汉献帝进谏，请求将华歆调入京城为官。曹

操手握重权，汉献帝对曹操唯命是从，立刻下诏宣华歆进宫。

　　华歆调任的消息立刻在东吴传开，大家听闻他高升，便从四面八方前来向他祝贺，送行的人居然有一千多。在这一千多人里面有他的朋友，也有他的亲属；有关系近的，也有关系远的；有他认识的，也有他不认识的。有些送礼的人是真心为他感到高兴；有些送礼的人却是另有所图。无论大家的出发点是否单纯，他们送来的礼物都非常厚重，有的甚至直接送上黄金百两。

　　面对这些贵重的礼物，华歆有些发愁。要知道他为官向来清廉，从来不收取别人的东西。但是这一次他有些为难，如果收下这些礼物，他心里会自责；如果当面拒绝，恐怕会让亲朋好友难堪。

　　华歆再三思考，最终决定收下这些礼物。他命仆人在每件礼物上都标注清楚送礼者的姓名，方便日后寻找时机退还给他们。

为了表达对亲朋好友和众多同僚的谢意，他特地准备晚宴招待大家。等到晚宴结束，华歆叫住大家，命仆人将收到的礼物全部搬上来，然后他满脸微笑地对大家说："非常感谢大家在百忙之中前来为我送行，你们送的每件礼物我都非常喜欢，所以我都一并收下了。可是，我在整理随行物品的时候发现，这些礼物实在太多，多到我的马车都装不下了。我不知道哪些礼物该退，哪些礼物不该退，索性就决定都退给大家，希望你们不要推辞，千万要收下！"在场的所有人都表示拒绝，但是华歆一再劝说，大家也不好再说什么，只好带着自己送的礼物离开了。

面对问题，华歆凭借自己的智慧巧妙化解，坚守自己的廉洁。

思考时刻 SIKAO SHIKE

为官应当清正廉洁，这是亘古不变的原则。遇到问题时，华歆做到了灵活解决，恰当处理，情商不可谓不高。

我们在学习和生活中可能会面对各种各样的问题，有些人面对问题选择逃避，然而问题日积月累，最终一事无成；有些人面对问题积极应对，寻找对策，最终问题迎刃而解。

问题和方法同时存在，不存在解决不了的问题，也不存在找不到的方法，关键在于，我们是否能够多思考。遇到问题时，我们要学会转换思路。全新的思路会给我们带来更多的灵感，进而探寻到解决问题的方法。

温故知新 WENGU ZHIXIN

孙权赠送给曹操一头大象，曹操很高兴，带着自己的儿子曹冲和文武百官前去迎接。他们当中的大多数人都没有见过大象，看到又高又大的大象时，个个震惊不已，因为大象的腿粗得跟柱子一样，体形明显比他们当中的最高者还高许多。

曹操好奇地询问大家说："这只大象这么大，它到底有多重呢？你们有没有什么办法称一下它的体重？"

文武百官你一言，我一语。有人说要拿最大的秤来称，有的甚至说要把大象剐成块再称。其他大臣急忙制止说："使不得，为了称出它的体重，就把它杀了，实在太残忍了！"

就在大臣们议论的时候，曹冲大声对父亲说："我有一个方法可以称出大象的体重。"

曹操笑着说："你有什么好办法？快说来听听。"

曹冲趴在父亲的耳朵旁，轻声细语地讲起了他的方法。曹操听完，连连称赞。于是他一边命人将大象牵走，一边对文武大臣说："请大家移步河边，我们去那儿称大象。"

大家来到河边时，发现河边停放着一艘船。曹冲命人将大象牵上船，等船稳定后，又命人在船身上做了标记，然后将大象带下船。身旁的随从将一块块石头运送到船上，随着石块数量的增加，船身逐渐下沉。当船身的那条标记与水平面持平时，曹冲下令停止装石头。

文武百官起初一头雾水，不知道曹冲的方法具体是什么，直到这时，他们全都明白了。原来曹冲是通过替换的方式来称重，将船上的石头加起来称一下，便可知道大象的重量。

曹冲遇到需要称出大象体重的问题，懂得转变思路，将大象的体重转化成许多小石块的重量，从而轻而易举地解决问题。

不要畏惧问题

面对问题，很多人会因为各种各样的原因，比如无法承受失败，想要逃避等，对问题产生一种畏惧心理，甚至还没开始解决就想要放弃了。

事实上，真正的问题不是问题本身，而是我们对问题的态度。我们不应该退缩和逃避，而应该冷静地面对，把问题的相关方面研究清楚，找出问题的根源，拓展自己的思维，寻找更多的解决方案。

有位智者曾将世界上的人分为两类：一类是遇到问题，消极应对，沉浸在无尽的抱怨之中，结果问题越积越多，再无能力解决。另一类是遇到问题，善于观察，能迅速找到解决问题的突破口，在尝试中得到锻炼和提升。

生活中，有些人面对问题时总是选择逃避，这是畏惧心理在作

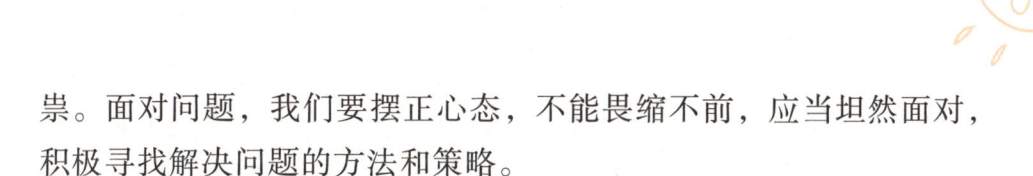

祟。面对问题，我们要摆正心态，不能畏缩不前，应当坦然面对，积极寻找解决问题的方法和策略。

能力出众的人大多具备敏锐的思维。他们在解决问题时，从来不在一条道上走到黑，而是会开动脑筋，及时转换思路，寻求畅通无阻的大道。

聪明之人懂得通过逆向思维找到解决问题的方法，这样才能走在创新的前列，成为人群中的佼佼者。

5 顺势者昌，逆势者亡

历史的变化是有规律的，顺应这个规律就能得到发展，获得昌盛，违背这个规律就会灭亡。掌握事物的发展规律，顺势而为，做事情就会如鱼得水，事半功倍，成就伟业。

思维火花 SIWEI HUOHUA

顺势者昌，逆势者亡，可以用老子的世界观进行解释。老子认为万事万物都是阴阳作用的结果。阳盛阴衰则事物会迎来大发展；阴盛阳衰则代表事物即将走向没落。阴阳相互作用，此消彼长，助推事物的发展。

天道轮回，生死存亡是大自然的规律，但是，我们大多数人都畏惧生死。老子认为，人如果改变不了任何事物，反而产生畏惧心理，那么阳气就会削弱。睿智的人调整心态，顺势而为。

智慧故事 ZHIHUI GUSHI

抱薪救火，徒劳无功

战国时，秦国势力强大，经常进犯其他国家，魏国深受其害。

魏国国君安釐王刚继承王位，秦国就多次出兵进攻魏国。魏国难以抵挡，次次战败。魏安釐王统治的第一年，秦国占领魏国两个城池；统治的第二年，秦国又占领魏国两个城池。秦国接连取胜，战斗力倍增，于是直接带兵进攻魏国的都城，魏国面临亡国危机。

魏国向韩国求助，韩国立刻派兵增援。由于秦军兵力十足，魏国又打了败仗。魏安釐王无计可施，只好再次选择割让土地给秦国，请求秦国撤兵。

魏安釐王统治的第三年，秦国又发兵攻打魏国，趁机占领了魏国的四个城池，杀死魏国数万名百姓。次年，魏国联合韩国和赵国抵抗秦国的进攻，魏国依旧战败，魏国大将芒卯也逃跑了。接二连三的败仗让魏安釐王有些吃不消了，他想迅速找到阻止秦国进攻的良策。

魏安釐王询问大将段干子如何阻止秦国的进攻，胆小怕事的段干子建议说："秦国是大国，我们根本就不是他的对手。与其拿鸡

蛋碰石头，不如请求议和。"

魏安釐王好奇地询问说："怎么个议和法？"

段干子回复说："我们将南阳割让给秦国，请求秦国停止对我们的进攻。"

魏安釐王原本就畏惧秦国，一听到割让土地就能换来太平，他立刻照做。

苏代是魏国的谋士，也是苏秦的弟弟，向来主张"合纵抗秦"，他跟哥哥一样，曾多次在诸侯国之间游说，劝说他们联合起来。当他听说魏安釐王准备割让土地、请求议和时，急忙求见魏王，提醒他说："大王，割让土地、请求议和，是不可能从根本阻止秦国入

侵的。侵略者总是贪得无厌，只要我们魏国还有一分一毫的土地在，秦国就不可能停止入侵。您现在的行为就像抱薪救火。您原本是想将大火扑灭，可是，您却拿着柴火去扑火。最终的结局只有一个，那就是火不仅不能被扑灭，反而还会越烧越大。"

魏安釐王虽然认为苏代讲得很有道理，但他胆小怕事，只考虑眼前的利益，对未来不管不顾。他依然采纳段干子的建议，将南阳割让给秦国。

公元前225年，秦军带领大军进攻魏国。魏国都城大梁再次陷入包围之中，最终亡国。

面对秦国的进攻，魏国没有认清局势，一味求和，助长了秦国

的野心，最终造成灭国之灾。这个故事告诉我们：遇到问题时，要冷静分析，学会透过现象看本质。只有把握问题的本质，我们才能找到解决问题的正确方法，进而避免悲剧的发生。

思考时刻 SIKAO SHIKE

古人云："顺之者昌，逆之者亡。"顺势而为告诉我们，很多事情不是人能够凭自己的意愿所能改变的，要顺应事情本身的发展方向来做事情，不必强行去改变。

万事万物都在变化发展中进步。那些旧思想和老规矩不是一成不变的，我们在不违背客观规律的前提下是可以对其做出改变，以便适应社会的发展和进步。

懂得顺势而为、灵活处事的人运气不会太差，因为他们有灵活的大脑和跳跃的思维，他们敢于打破常规，独树一帜。

温故知新 WENGU ZHIXIN

齐国大臣晏子是春秋时期著名的政治家，他虽然样貌平平，却足智多谋，能言善辩。每次出使其他国家，他都不辱使命，坚决捍卫齐国的尊严。

有一次，齐王安排晏子出使楚国。楚王得知这一消息后，便召集大臣开朝会。朝会上，他询问大臣说："我早就听说晏子能言善辩，如今我想趁他出使时，当众羞辱他一番，让他知道我们楚国的厉害，杀一杀他们的锐气。你们有没有什么好办法？"大臣们七嘴八舌，终于想出了一个好办法。

晏子来到楚国后，楚王设宴款待。酒足饭饱之时，有个人被五花大绑地带了上来。楚王装模作样地问道："他是哪国人，犯了什么罪？"

站在一旁的差役说："他是齐国人，在我们楚国犯了盗窃罪。"

楚王看着晏子说："难道齐国人生来就喜欢盗窃？"

晏子早就识破楚王的计谋，他站起来，有条不紊地回复说："不知道大王有没有听说过。橘树生在淮河以南就能结出甘甜可口的橘子，生长在淮河以北结出的果实则又酸又苦。这两种果实的口感之所以相差如此大，正是因为它们生长的水土不同。齐国人在齐国不偷盗，到了楚国却开始做了盗贼，莫非是楚国的水土将他们培养成了盗贼？"

面对晏子的这番话，楚王竟不知道如何反驳，只好笑了笑掩饰尴尬。

过了不久，晏子再次奉命出使楚国。楚王对于上次自己在宴会上被羞辱的事情耿耿于怀，想找个机会报复。他和大臣们商量了一番，终于想到了一个好主意。

楚王知道晏子身材矮小，便命人在城门旁边开了一个很小的门，只有狗洞那么大，以此来羞辱晏子身材矮小。

晏子来到城门口，见城门紧闭，旁边开着一个狗洞大小的小门，

便问:"这是什么意思?"

引导的大臣得意地说:"这是我们大王的命令,你只管照做就是了。"

晏子说:"出使狗国的人才走狗洞,如今,我出使的是楚国,难道你们是狗国吗?"

引导的大臣听到这番话,脸上红一阵白一阵,急忙派人去通知了楚王。楚王听闻后十分无奈,只好让人打开大门,按照应有的礼节接待了晏子。

就这样,晏子凭借自己的机智和三寸不烂之舌成功维护齐国的尊严。

按规律做事

顺水行舟,水可载舟;逆水行舟,水可覆舟。顺道做人,道可成人;

逆道做人，道可毁人。天道的本质是顺应规律。做事顺应规律，才能事半功倍。我们要时刻谨记物极必反的道理。

从大自然的变化，我们可以受到许多启发。滔滔江水涌向低处，甘愿在低处停留，是在告诉我们，要顺势而为，按照事物的发展规律办事。

6 正视自己的缺陷，化劣势为优势

每个人都有缺点和不足，我们没有必要因此而羞愧或恐惧。我们应正视自己的缺点，找出不足，尽可能去弥补，实现自我提高和进步。

思维火花 SIWEI HUOHUA

古人曾说过："金无足赤，人无完人。"我们每个人都有或多或少的缺点，对于那些追求完美的人而言，这些缺点是他们不愿意提起的伤痛；对于顺势而为的人而言，拥有缺点并不可怕，他们能够巧妙地将缺点转化为优点。

每个人都有优点，我们应当把优点最大化。同时，每个人也有缺点，我们要正视自己的缺点，养成反思的习惯，逐步改进，最后转化成新的优点。

智慧故事 ZHIHUI GUSHI

韩信计斩龙且

公元前203年，韩信带兵攻打齐国，占领临淄。齐王田广和齐相田横临危逃跑。齐王派人向楚国请求救援。

楚王项羽派大将龙且、副将周兰，带领二十万大军前去援助齐国。龙且带领大军日夜兼程顺利来到齐国，他命人传话给齐王，要求齐王立刻带兵与其会合。齐王听闻救兵来了，顿时喜上眉梢，觉得大战即将迎来转机，便立刻整顿军队，前去迎接楚军。最终，双方会合并驻扎在潍水东岸。

韩信听说楚国大将龙且带兵前来救援齐国，深知自己兵力不够，便向刘邦请求调拨曹参和灌婴前来增援。最终，汉军的各路人马会合并驻扎在潍水西岸。

晚上，韩信外出察看地形，认为可以巧妙运用地势歼灭龙且，便下令全军只守不攻。

龙且见汉军只守不攻，以为韩信胆小，不敢进攻，便打算渡河前去进攻。

周兰认为此时不宜轻举妄动，便对龙且说："将军千万不要小看韩信，此人向来足智多谋，他能协助刘邦平定三秦，灭掉赵国和燕国，现在又来进攻齐国，说明他实力了得。您可一定要三思而后行！"

龙且反驳说："韩信之所以节节取胜，那是因为他遇到的都是庸将。今日遇到我，算他倒霉！"之后，他写下一份宣战书，派人送到了韩信军营。

韩信看到这封信之后，便开始实施自己的计谋。他命人准备了一万个装粮食的袋子，然后找来傅宽，吩咐他说："晚上你带领一队人马，将这一万多个袋子里全都装满沙石，挡住水流。等到明天双方交战，听到炮声，就将这些袋子移开，让水流奔腾而下。"

随后韩信又吩咐曹参和灌婴做好准备，明日就要杀掉龙且和周兰。

到了双方约定的交战时刻，韩信让汉军饱餐一顿，安排曹参、灌婴在西岸留守，他自己则带领剩下的士兵向楚军大营进发。龙且见韩信大军已经到来，便带兵迎接。

韩信为了激怒龙且，单枪匹马来到楚军阵前，大叫道："龙且快来，我要取你首级。"

龙且提刀冲了出来，对着韩信咆哮说："韩信，你个叛徒。今日见我，还不快快投降！"话音刚落，二人就打了起来。韩信比画几下之后，便立即退回军营。

汉军大将见龙且冲了过来，急忙将他拦下。周兰担心龙且的安危，立刻带着人马前去救援。韩信见汉军大将无力抵挡，便骑着马向潍水西岸撤退。汉将也追随韩信的脚步，逐渐退回到汉营。

龙且以为自己占了上风，便骄傲地说："原来汉军也不过如此！"他决定乘胜追击，带领人马杀到河对岸去。

周兰观察到河水非常浅，跟之前的有所不同，怀疑有埋伏。可是当他准备提醒龙且时，龙且已经快赶到河西岸了，他只好在后面追赶。

周兰跟随龙且顺利登上西岸时，只有两三千楚军跟在他们身后，其他兵力还在水里。

这时候，周兰才找到时机跟龙且说明上游可能有埋伏。就在这时，河水汹涌而至，还在河中的楚军大多被冲走。

龙且还没搞明白什么情况，就看到韩信、曹参、灌婴分别带兵从三面杀了过来，楚军顿时被层层包围。最终，龙且被杀，周兰被捕，楚军大败。

留在东岸的楚军见主将被杀，副将被俘，立刻吓得四散而逃，无心迎战。田广看到楚军都被汉军所打败，更是吓得瑟瑟发抖，带领朝中大臣立刻逃往高密。

韩信大败楚军后，立刻派人追杀田广，最终在城阳将其擒拿。韩信记恨田广曾经将郦生烹杀，所以将田广斩首示众，齐国亡国。

思考时刻 SIKAO SHIKE

《孙子兵法》中有这样一句话："地者，远近险易广狭死生也。"这句话强调了地利对领兵打仗的重要性。双方交战讲究的是谋略，一位优秀的指挥者将是整场战争胜利的关键。楚汉交战，楚军带领二十万大军，而汉军只有数万人。

面对悬殊的敌我境遇，擅长谋略的韩信察觉到龙且轻敌傲慢的心理，采用诱敌深入的作战技巧，将龙且和周兰引入河的西岸，集中主要力量，成功将其歼灭，顺利灭掉齐国。在生活和学习中，我们要发挥优势，独具慧眼，洞察并利用环境因素为自己所用。

温故知新 WENGU ZHIXIN

诸葛亮第一次率军北伐时，因为马谡的大意，街亭失守，这让蜀军在整场战役中处于不利地位。正在此时，魏将司马懿带领十五万大军攻打诸葛亮。诸葛亮原本有几千人，但是恰巧有一半人去运送粮草，只剩下二千多人在城内。就在大家着急万分的时候，诸葛亮却不慌不忙。他下令将旌旗全都收起来，让士兵在原地站岗，还命人将四个城门全都打开，并在每个城门上安排几十个士兵穿着百姓的衣服，佯装在洒水扫地。诸葛亮自己则带着两个书童登上望敌楼，神态自若地弹琴。

司马懿的先遣部队见状，不敢轻举妄动，便回去禀告司马懿。司马懿笑着说："这怎么可能呢？待我亲自去查看一番。"

司马懿来到离城不远的地方，发现诸葛亮正面带微笑地坐在城楼上弹琴。他右边站着一个手捧宝剑的书童，左边站着一个手拿拂尘的书童，看起来都很悠闲。再看看城门内外，有几十个人正在扫地。

司马懿有些疑惑，难道这是诸葛亮故布迷阵，想让自己上当？他想了一会儿，骑马返回了军中，下令大军撤退。

他的儿子司马昭询问说："确定要撤退？这该不会是诸葛亮兵力不足伪造的假象吧！"

司马懿说："诸葛亮向来谨慎行事，我们还是撤退吧！"

空城计

诸葛亮所采用的空城计出于《三十六计》，其原文为："虚者虚之，疑中生疑；刚柔之际，奇而复奇。"空城计主要运用的是心理战术，就是抓住对方心理上的弱势，巧妙地将对方的弱势转化为自己的优势，不拘泥于常规的兵法和思维。

诸葛亮神机妙算，面对司马懿带领二十万大军的进攻，他孤注一掷，敞开城门，不布置任何兵力，带领两个书童，坐在望敌楼上低头抚琴。司马懿被诸葛亮的镇定自若所骗，遂领兵撤退。

司马懿之所以做出错误的判断，是因为他的思维固化。在他看来，诸葛亮是个谨慎的人，不可能轻易冒险。诸葛亮正是利用司马懿这一心理，才不费吹灰之力将其击退。

7 不一定非要按常理出牌

想要走出一条不寻常的路，就要敢于打破常理。成功的人，总能跳出固化的思维，灵活机动地处理问题。而那些墨守成规的人，则很难获得突破。

思维火花 SIWEI HUOHUA

鲁迅先生曾说过："其实地上本没有路，走的人多了，也便成了路。"他所说的路其实就是我们今天所认为的固定的规则或习惯，但殊不知，万事万物都在变化中发展。我们想要在芸芸众生中脱颖而出，就要敢于打破常规，可以不按常理出牌，但需遵循事物发展的客观规律。

智慧故事 ZHIHUI GUSHI

明修栈道，暗度陈仓

项羽进入咸阳后，不仅封自己为西楚霸王，还对其他诸侯王逐一进行分封。因为对刘邦的忌惮，他把刘邦封为汉王，还派章邯镇守关中，随时监视刘邦的动向，做好镇压的准备。刘邦对此非常生气，发誓早晚有一天，必定会抢占关中。

张良是刘邦的谋士，他看刘邦为此事怒气冲冲，便建议说："您不必为此事生气，我们可以采用'明修栈道，暗度陈仓'的计策。"

刘邦不解地问："这是个什么计策？"

张良说："我们可以将之前走过的所有栈道全都烧毁，因为这些栈道不仅连接关中，还连有许多交通要道。我们把它全烧了，不仅能避免其他诸侯的攻打，还能取得项羽的信任，以便他能放松警惕。"刘邦认同张良的计策，便着手实施。

刘邦重用韩信，任命他为大将。韩信上任后兢兢业业，每日加强练兵备战，让军队的战斗力得到迅猛的提升，全军上下勠力同心，同仇敌忾。

后来，刘邦认为自己的兵力已经足够拿下关中，就决定领兵东征，攻打关中。他一边派人前去修复旧栈道，并下令在三个月之内务必要修好，一边让韩信率领大军从故道向陈仓进发。

旧栈道一带地形复杂，多悬崖峭壁或湍急的河流，无论是架桥还是开山都很艰难。那时正值炎热的夏季，士兵们忍受酷暑，日夜劳作拼命干了十几天，才修好一小段栈道。

监修栈道的将领也抱怨说："这么大的工程量，就算给我十万工人，恐怕也要一年时间才能修好。况且只给我几百人，让我在三个月内修好栈道，这简直是比登天还难。"工人们也都认同这个说法，便开始消极怠工。但修复工程声势宏大，惊扰到四周居住的百姓，他们都知道刘邦要修复旧栈道。

章邯听说此事之后，丝毫没有重视，反而对手下说："刘邦是真蠢，之前烧毁栈道，如今又主动修复。这种行为不正是搬起石头砸自己的脚吗？这么长的栈道，只怕要修到猴年马月才能修好！"

不久，刘邦带领大军攻占陈仓。直到这时，章邯才明白刘邦这是两条腿走路。一边假装派兵修复栈道，一边秘密派兵，抄小路进攻陈仓。

汉军势如破竹，陆续打败关中大将司马欣和董翳，顺利占领关中。刘邦进驻关中后，不断扩张势力，壮大军队，为之后与项羽交战奠定了坚实的基础。

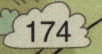

思考时刻 SIKAO SHIKE

"明修栈道,暗度陈仓"的计策广为流传,被历代的军事家所研究和学习。刘邦采用张良的计谋,表面看来是在修复栈道,实际上却绕道而走,直接逼近项羽的部队。等到敌方有所察觉时,自己已经掌握了交战的主动权。

"明修栈道,暗度陈仓"其实采用的是心理战术,给敌人制造一种假象,让对方掉以轻心,为自己取得胜利赢取宝贵的时间。该项计谋主要运用于对自己不利的战场形势上。假如敌我实力悬殊,我们想要取得胜利,就可以采用出其不意、攻其不备的战略技巧。

在生活中,我们往往容易被已有的规则固化思维,因此要敢于跳出常规看问题,这样才能掌握解决问题的主动权,寻找到新的突破口,进而顺利实现目标。

温故知新 WENGU ZHIXIN

三国时期，司马昭为了灭掉蜀国，就派邓艾、诸葛绪和钟会出兵。之后，魏军接连取胜，打算围攻蜀国都城。他们三人分兵两路：邓艾领军进攻阴平，钟会和诸葛绪则向剑阁进发。

蜀国大将姜维依据剑阁的有利地形，顺利抵挡钟会的进攻。钟会虽然人多势众，却攻不下剑阁，打算撤兵。

邓艾预料到钟会领兵进攻剑阁必定会被阻拦，想另寻他路进入蜀国都城，于是带领三万人马向阴平进发。

他派人前去查看地形，得知通过阴平有一条小路可以进入蜀国都城成都。只不过，这条小路四面都被崇山峻岭所包围，很难通行。邓艾为找到这条小路而开心不已，急忙派人去通知钟会。钟会原本

就瞧不起邓艾，对于邓艾的想法也很轻视。他想看邓艾出丑，便没有阻止此事。

邓艾并不知道钟会内心所想，见他没有阻止，就带兵回到阴平，将自己的想法告诉了将士们。

将士们都想立功，听说有这么一条小路，都十分兴奋，表示愿意追随他。

邓艾见大家都支持自己，信心更足了。他派儿子邓忠带领大队人马在前面开路，自己在后面准备好干粮和绳索，再去和他会合。

尽管小路陡峭险峻，士兵们却没有一个人退缩。他们每走一百里便安营扎寨休息，前后军队时刻保持紧密联系。但是由于路况艰难，有的士兵掉下悬崖摔死了，有的生病死掉了，还有的干粮用尽，饿死了。原本几万人的队伍，最后只剩下几千人。

有一天，邓艾的队伍走到马阁山，道路断绝，一时进退不得。士兵们看到山势陡峭，稍有不慎就会掉下去摔死，都很害怕，止步不前。

邓艾见状，急忙鼓励大家说："我们历尽千难万险，终于走到了这里。只差最后这一步，就能取得胜利，难道你们都不想吗？"

士兵们都有些为难地看着他，没有说话。

邓艾又说："我有办法了，既然这山势陡峭，不好爬，那我们就滚下去吧。"说着，他就扔掉了自己的兵器,然后拿出毛毡把自己牢牢裹住,滚下了山坡。

到了山下,他从毛毡里钻出来,对士兵们喊道:"这个方法可行,你们看,我根本没有受伤。"

士兵们受到鼓舞,都跟着滚了下去,就这样,邓艾没有损失一兵一卒就翻过了马阁山。

之后,他们一路势如破竹,很快就拿下了江油城,然后一鼓作气占领了绵竹。

等到刘禅准备调回姜维时,蜀国都城已经被攻占。就这样,邓艾靠着独辟蹊径,大获全胜。

另辟蹊径

生活中,我们都有遇到难以完成的任务的时候。不同的人面对这种情况会有不同的反应。有些人排除万难,想方设法达成目标,

追求结果；有些人则看淡一切，任由事情顺其自然地发展。

当我们的想法和观念已经不能解决当前的问题时，我们要学会发散思维、另辟蹊径，找到更合适的解决办法。只有这样，才能化被动为主动，变缺点为优点。

我们要勇于摒弃教条思维和呆板做法，鼓励破旧立新，跳出现有方式以解决问题。

纵览古今，我们会发现优秀的人大多都具有创新精神，敢于另辟蹊径。在生活日新月异的今天，具有创造性思维的能力更是意义重大。

篇末问卷

1. 你是一个喜欢依赖别人的人吗?
2. 你有没有向别人妥协过?
3. 你做事的时候会顺势而为吗?
4. 你知道自己的优势和劣势吗?
5. 你有没有"不按常理出牌"过?

第四篇 方法得当，才能解难

　　人在遇到困难的时候，要学会换一种思维方式。绝境也许是一个转折点，只要鼓起勇气去思考，方法永远比困难多。很多人一遇到困难，就觉得是自己倒霉，根本不去想办法克服，反而羡慕别人的生活。可是，不经历艰苦奋斗，怎么能享受人生呢？

漫画剧场 MANHUA JUCHANG

山不过来,我就过去

周末,因为一件小事,爸爸和妈妈闹了矛盾,谁也不理谁……

爸爸,好不容易过个周末,你们为什么要吵架呢?

我觉得你妈妈有点儿不通人情,才跟她吵架的。

爸爸,吵架多伤感情啊。要不你俩和好吧。

可以,但是该怎么和好呢?

爸爸,你有没有听过一句话?"山不过来,我就过去。"

听过,可是这跟我和你妈妈和好有什么关系?

我的意思是，妈妈不跟你和好，你可以找妈妈和好。
但是，我有点儿拉不下面子呀。
爸爸，你可以委托我去向妈妈求和呀。
求和之后呢？我要做什么？
你就开车带我们出去玩哪。
好小子，原来你在这等着呢。
那当然，我可是咱家的开心果。

1 金蝉脱壳，保存实力

面对强势的对手时，要能迅速判断形势，运用有利条件脱身，先保护自己，再想办法反击。情况对自己不利时，不要玉石俱焚，要懂得保存实力，并且在撤退时也要讲究方式方法。

思维火花 SIWEI HUOHUA

人们常说："留得青山在，不怕没柴烧。"如果在做事时遇到对我们不利的情况，继续下去可能会遭遇失败，那一定要考虑如何全身而退。这时候一定要果断，不能优柔寡断。要对当前的形势进行分析，判断对自己是否有利，以便决定是进攻还是迂回。在情况危急、大局已定的时候，迂回撤离可以保存力量。如果形势不是很危急，坚持不久就能获得胜利，就不要轻易退却。因此，做这种决定必须非常谨慎。

智慧故事 ZHIHUI GUSHI

晋明帝金蝉脱壳

东晋明帝在位期间，大将军王敦的权力越来越大，他的野心也越来越大——他想除掉皇帝，自己尝尝当皇帝的滋味。

公元322年，王敦集结大军进攻京师。

晋明帝一听说王敦要造反，立即调集兵马，亲自带兵迎战。最终，双方在鄱阳湖畔隔湖对峙。

晋明帝是个勇猛机智的人，为了尽快平定王敦的叛乱，他决定亲自去一趟王敦的敌营，打探敌情。

"来人，给我拿一套便服来！"晋明帝命令到。

不一会儿，晋明帝就换上一身便服，拿着一根名贵的马鞭，骑着一匹快马离开了军营。他一路疾驰，很快就来到了王敦的大营前。他伪装成路人，绕着大营转了一圈。

营门口的守卫很快就注意到了晋明帝，悄悄议论起来。

"你看这个人,鬼鬼祟祟的,绕着我们的大营转了一圈,感觉不正常。"

"是呀,他气度不凡,一定不是个普通人。"

"这人很可疑,快去向将军报告!"

守卫立刻跑回军营,将此事报告给了王敦。

王敦一听,急忙问道:"你们可记得那个人长什么样?"

"记得。"守卫回答道,并如实描述了那人的长相。王敦听完,突然用手拍了拍桌子,叫道:"哎呀!那人大概就是皇帝!"

王敦一边说着,一边冲出营外,对五个正骑马巡营的士兵喊道:"快,营外有个骑马的人,你们快把他活捉回来!"

那五名士兵接到命令,立刻疾驰而出。

此时晋明帝还在勘查情况，见营门突然打开，冲出去个骑马的士兵，他立刻意识到，自己被发现了。于是他掉转马头，准备离开这里。

原本那五个士兵还不确定要捉谁，见他想要逃离，立刻追了上来。就这样，晋明帝在前面跑，他们在后面追，虽然把他们甩开了一节，但是他们还是穷追不舍。晋明帝意识到，不能再继续跑了，得想个办法，不然早晚会被抓住。

这时，晋明帝跑进了一片柳树林里，看见不远处有个卖茶的老人。

"机会来了！"晋明帝突然有了主意。

经过茶馆时，晋明帝把马鞭扔在地上，继续向前冲。

卖茶的老人捡起地上的马鞭，仔细地看了看，发现镶满了金银和珠宝，要是拿到集市上去卖的话，一定能换回不少钱。

就在老人研究马鞭的时候，那五个士兵已经追了上来。其中一个下马问道："老人家，你有没有看到一个人骑马经过这里？"

话音未落，他就看到了老人手里的鞭子，一把夺了过去，对其他几个人喊道："兄弟们，快来看。"

其他几个闻讯，急忙凑近了一些。

"看！"问话的士兵举起马鞭说，"这可不是普通的马鞭……上面这么多金银珠宝，几辈子都用不完！"卖茶老人也说骑马的人早已离开了。

这五个士兵终日在军营里，没见过什么宝贝，因此都被晋明帝扔下的马鞭给吸引了，争着要看马鞭，再加上老人说人已离开，便不再追晋明帝。就这样，晋明帝给自己赢得了时间，急忙逃走了。

不久，王敦就骑马赶了过来，见这五个士兵没有去追晋明帝，居然在抢夺一根马鞭，火冒三丈，夺过马鞭把他们狠狠地抽打了一顿，并下令军法处置。

如果不是晋明帝急中生智，将马鞭扔下，也许已经落到了那五个士兵手里。好在他临危不乱，想到了金蝉脱壳的计策，用一根马鞭换回一条命。

思考时刻 SIKAO SHIKE

通常在非常紧急的情况下，可以使用金蝉脱壳的办法。这是一种主动的撤退和转移，需要冷静地观察，仔细地分析形势，在想出合适的对策之后立刻采取行动。稍有不慎，就会导致计划失败。整个过程都要在敌人察觉不到的情况下进行，不能出任何纰漏。

不管面临什么样的处境，只要你愿意，总有一些办法可以供你选择，是前进、后退，还是迂回，都取决于你自己。因此，要根据不同的环境选择不同的应对策略。

温故知新 WENGU ZHIXIN

李忱是唐宪宗李纯的第十三个儿子，也是后来的唐宣宗。他做皇帝的路十分坎坷，甚至艰险。他幼年时期，唐宪宗就被暗杀了。在后来的二十年间，换了几位皇帝。而李忱因为他的皇叔身份，一直受到猜忌。公元840年，唐武宗登基，李忱自请为僧，来到了深

山之中，与世隔绝。

在深山中，李忱一直在打探宫内的情况，等待合适的时机。不过，他为了避祸，并没有表现出自己的野心。

一天，李忱和名僧黄檗和尚一起看着悬崖峭壁上的飞瀑，聊起了天。黄檗和尚突然来了兴致，说："我出一副上联，您来对下联，怎么样？"

李忱说："您说吧，我一定能对得上。"

黄檗和尚说："千岩万壑不辞劳，远看方知出处高。"

李忱不假思索地说："溪涧岂能留得住，终归大海作波涛。"

李忱就像瀑布一样，在经历了"千岩万壑不辞劳"的艰辛后，终于流出溪涧，归入大海。

公元846年，唐武宗服金丹中毒而死，三十七岁的李忱成功地得了王位，称唐宣宗。

善于隐藏自己

这个故事激励人们当敌强我弱时要适当隐藏锋芒，不让对方发现自己的想法和意图，从而降低对方的戒心。依靠这种"欺骗"的假象来减少外界的压力，让对方放松警惕，自己则在暗中积极"准备"，然后抓住机会，奇袭胜利。许多取得伟大成就的人在成功之前都有一段默默无闻的经历。做一个真正的智者，胜利将属于你。

人类的很多智谋，其实是从动物身上学来的。例如，通过观察老虎狩猎的动作，人类意识到在攻击时要注意隐蔽，或故意示弱，表现出无力攻击的样子，让对方放松警惕。然后在对方毫无警惕和防备的情况下，突然袭击，将其击败。

一个人可以有远大的志向和目标，但在实现志向和目标的过程中，不可避免地要经历一段漫长的过程。暂时的忍耐，是为了以后挺直腰杆走路。

2　出奇制胜，反其道而行之

《孙子兵法·兵势篇》中写道："凡战者，以正合，以奇胜。故善出奇者，无穷如天地，不竭如江河。"出奇制胜，就是用对方意料不到的方法获得胜利，它的要点就在于一个"奇"字。

思维火花 SIWEI HUOHUA

鬼谷子说："奇不知其所拥，始于古之所从。"就是在强调出奇制胜的重要性。我们在面对困难的时候，可能一筹莫展，没有解决的办法。这时候，不妨试一试反其道而行之，也许就能有新的思路和办法，从而把问题解决。如果一味地钻牛角尖，除了浪费时间，还容易打击自己的信心。当然，在反其道而行的时候，一定要仔细思考，把"奇"字体现出来，否则也很难取得成功。

智慧故事 ZHIHUI GUSHI

田单出奇制胜

公元前314年，燕国正处于内乱之中，齐国趁机发兵攻打，并杀死了燕王哙。燕王哙的儿子继位，称燕昭王，他招贤纳士，力图为父亲报仇。

公元前284年，燕昭王派大将乐毅攻齐。之后的五年间，乐毅势如破竹，率领士兵先后攻陷齐国七十余座城池，齐人手中只剩下莒和即墨。

齐国临淄有一名小官员，名叫田单，精通兵法。乐毅率燕军攻入齐国时，田单就逃到了安平。没想到没过多久，安平也被攻陷了，他只好又逃到了即墨。可是不久之后，即墨又被包围了。一番激战之后，即墨大夫战死，田单被推举为将军，领导即墨的反燕斗争。

公元前279年，燕昭王驾崩，燕惠王继位。燕惠王还是太子的时候，就跟乐毅关系不好。田单得知此事，就暗中派人到燕国去造谣说："乐毅包围了即墨这么久还不进攻，就是为了赢得百姓的心，将来可以做齐国的王。齐国人最担心的是换别的统帅来，那即墨就保不住了。"

第四篇 方法得当，才能解难

燕惠王听信了这些谣言，就命令乐毅回国，让大将骑劫接替他。乐毅走后，燕军士气低落。田单又派人潜入燕军，散布谣言，说齐军最怕己方的俘虏被割掉鼻子，如果交战时，燕军把割掉鼻子的俘虏摆在前面，守城的齐军一定会投降。

骑劫信以为真，就照着做了。没想到守城的齐军看到自己的同胞被割掉了鼻子，担心自己也落到这个下场，更加下定决心要死守即墨。

之后田单又派人造谣说："我们最怕燕人将我们在城外的祖坟挖开，侮辱我们的祖先。"燕人不知是计，挖开了城外所有的坟墓，把尸骨堆起来，付之一炬。即墨的军民看到燕军的暴行，恨得咬牙切齿，要求与燕军决战。

田单见齐国士气高昂，便准备反攻燕军。他先派一名使者前往齐营，说准备开城投降，并约定了投降的日期。然后，他让百姓交出手中的黄金，交给城中的商人，让他们去送给燕军将领："即墨即将开城投降，请你们进城后高抬贵手，放

过我们的妻儿。"燕军将领接过礼物，一口答应下来，更加掉以轻心。

当晚，齐军开始进攻燕军。田单集中了城里的一千头老牛，给它们穿上鲜艳的红色衣服，在它们的角上捆上锋利的刀，又在它们的尾巴上系上浸满油的芦苇，然后点燃了火，把牛从提前在城墙上凿好的洞里赶出去，再派五千名士兵跟在牛后面。很快，牛的尾巴烧起来了，牛疼痛难忍，咆哮着冲向前面的燕营。熟睡的燕军被这突如其来的怪物吓得不知所措，四散逃窜，很多人都被牛撞死或踩死了。跟着牛的五千名士兵悄无声息地冲进燕营，猛烈地进攻。

燕国军队对这样猛烈的进攻毫无准备，被打得落花流水。齐国士兵趁乱杀了燕将骑劫。一时间，燕国士兵群龙无首，四处逃窜。田单率军追击，收复了被燕军占领的七十余座城池。之后，在田单的拥护下，齐襄王即位。

思考时刻 SIKAO SHIKE

在《史记》中,司马迁记载了田单"火牛阵"的事迹,并对他这种"出奇制胜"的战术给予了高度赞扬。

"出奇制胜"这个成语暗指一种巧妙的策略,即用奇兵来打败敌人。当我们面临困境的时候,一定不要绝望,既然已经没有退路,就更应该勇敢地往前走,这个时候,你会拥有超出自己预期的能量。

在双方力量此消彼长时,出其不意,也许可以克敌制胜。危急时刻,如果还是按照固有的思维做事,很难取得令人满意的效果。

温故知新 WENGU ZHIXIN

东汉光武帝刘秀在位时期,高峻占据着山西高平,在当地权势极大,威望甚至超过了皇帝。这让刘秀很不满,就派将军寇恂率军征讨。

寇恂不明白刘秀的心意,就在出发前请示道:"陛下,您是想剿灭他还是招降他?"

刘秀说:"最好能够招降,如果他不投降,就剿灭他。"

寇恂领命后,率领大军马不停蹄地赶路,很快就来到了高平边界,在此驻扎。

高峻听说寇恂前来,不知道皇帝是什么意思,就派了军师皇甫文去见寇恂,打探消息。为了避免寇恂突袭,高峻还下令全城加强戒备。

皇甫文见到寇恂后,态度十分傲慢,也没有行礼。寇恂生气地说:"你见了本将军,怎么不跪?"

皇甫文傲慢地说:"就算是刘秀来了,我都不会跪,更何况你这一介武夫呢?"

寇恂怒骂道:"你们这些人,拿着国家的俸禄,不想着保家卫国,反而想要造反。我本来应该剿灭你们,但是陛下有好生之德,说如果你们投降,就对你们宽大处理。"

皇甫文听到这番话,非但没有收敛,反而嘲笑道:"你只不过是刘秀的一条走狗而已,要是没有他的旨意,你有胆子攻城吗?况且眼下高平城已经做好了战斗准备,你能不能攻下来还不好说呢!"

寇恂冷笑着说:"虽然我不一定能把高平攻下来,但是我能肯定,你看不到这一幕了。来人,把他给我拖出去斩了!"

手下们急忙劝阻，可是寇恂却执意把皇甫文斩了，并对高峻派来的副使说："你回去告诉高峻，我把皇甫文杀了。他要是不投降，我就攻城。"

副使回去后，将这件事原原本本地告诉了高峻。高峻很害怕，当天出城投降了。

寇恂的手下都很不解，就向寇恂请教。寇恂说："皇甫文是高峻的心腹，他之所以表现得那么傲慢，只不过是故作姿态，想要试探朝廷的态度。如果我不杀皇甫文，高峻就会明白朝廷想要招降他，从而掌握主动权。而我杀掉皇甫文，是为了让他看到我们的决心，这样他自然就投降了。"

反其道而行之

按照常理来说，两军交战，不斩来使。可是在上面的故事中，面对傲慢的皇甫文，如果寇恂还按照常理出牌，很有可能需要武力攻城，耗费大量的人力、物力、财力。但他反其道而行之，最终兵不血刃让高峻投降，这就是心理战术的成功案例。

在做事情的时候，我们可以参考常理，但不能死守常理。如果按照常理无法高效完成既定目标，就要出奇制胜，以更简洁有效的方式达到目的，这是聪明人应该具备的谋略。

一个人想要顺流而下很容易，想要逆流而上则需要智慧。想要打败对手，特别是在对手对你知根知底的情况下，如果再按常理出牌，就很难取胜。如果你改变习惯，反其道而行之，对方就很难预测你的真正底线，以及你的下一步计划，很可能自乱阵脚，露出破绽。

3 透过现象看本质，才能发现真正的问题

生活中，我们可能会遇到这样的情况：刚刚解决完一件事，马上又冒出了另一件事，搞得我们焦头烂额。也许你会觉得这是因为我们考虑问题不全面引起的，但实际上，这是因为我们根本没有发现问题真正的本质。

思维火花 SIWEI HUOHUA

很多人在面对问题时总是急于解决，却不去思考问题产生的根本原因，导致花费了很多时间和精力后，才发现事情并没有解决，或者结果不那么尽如人意。之所以出现这种情况，就是因为我们没有找到问题的根源，所以虽然想了很多方法，花费了很多精力，都没有从根本上解决问题。只有找到问题的根源，了解问题的本质，才能对症下药，从根本上解决问题。

智慧故事 ZHIHUI GUSHI

禹稷躬稼而有天下

南宫适（kuò）是春秋末年人，字子容，也称为南宫括、南容。

他不但是孔子的弟子，孔门七十二贤之一，还是孔子的侄女婿。

一天，南宫适对孔子说："羿善射，奡（ào）荡舟，俱不得其死然；禹稷躬稼而有天下。"

羿和奡都是十分勇猛的人，分别是有穷国和过国的国君。羿善于射箭，武力也很好，他曾经赶走了夏朝天子，自己做了天子，但是最后死于大臣寒浞之手。传说奡是寒浞的儿子，后来死于夏少康之手。

"荡舟"就是在陆地行船，也就是将独木舟放在陆地上，用一根棍子戳地面，好让它往前行走，这需要很大的力气。南宫适用"荡舟"两个字，体现出奡这个人的力气之大。"俱不得其死然"说的是这两个人都死得很悲惨。"禹稷躬稼而有天下"是说禹和稷亲自耕耘土地，最终拥有了天下。

孔子并没有第一时间回复南宫适，等他离开后，孔子却感叹道："这个人崇尚道德，是个正人君子。"

作为一名德高望重的学者，孔子并没有当面表扬南宫适，而是

第四篇 方法得当，才能解难

在他离开之后，才发出这样的感慨。虽然孔子并没有解释自己这么做的原因，但分析起来，不外乎以下两个：一方面是因为南宫适是他的学生，他的后辈，他不太好意思当面这样表扬他；另外一方面可能是因为孔子乍一听到南宫适的话，有些受冲击，所以一时没有组织好语言。

为什么孔子会这样高度赞扬南宫适呢？就是因为他能够揭开事物的表象来看本质。

从表面上来看，羿和奡都是位高权重的人，而且很有能力，他们拥有着世俗的人们普遍追求的东西：金钱、权力、地位等。但是，人人都趋之若鹜的东西，就一定是好的吗？可以看看这两个人的下场，最终都是不得善终。很多人只是看到了他们光鲜的时刻，而忽视了他们的悲剧结局。

禹就是"大禹治水"中的主角禹,他疏通江河,治理水患,三过家门而不入,最终止住了水患,让百姓不再流离失所。稷亲自种植庄稼,还是传说中的谷神,教百姓种植庄稼。他们踏实生活,努力践行"君子务本,本立而道生"。

禹和稷论力量并不如羿和奡,但是羿和奡没有得到天下,下场凄惨,禹和稷却得到了天下。南宫适作为一个年轻人,不被表象所蒙蔽,看到了事情的本质,这一点是非常难得的。

思考时刻 SIKAO SHIKE

"透过现象看本质"是指透过事物的外在表现,了解其内在本质。外在表现是我们很容易就能感觉到的。而本质是事物的内在,是比较深刻和稳定的。

如果在看一件事物的时候只看表面现象，就很容易被蒙蔽，就像俗话说的，人不可貌相，海水不可斗量。通常来说，事物都会有很多面，而外表只是其中的一面。只看这一面，就很容易被迷惑，也无法看到事物的真正面貌。

外在现象容易改变，本质却很难发生变化。因此，我们要学会透过现象看本质，找到真正的问题所在，对症下药。一味地关注表面现象，不但无法找到问题的根本，还会让投入的时间和精力白白浪费。

温故知新 WENGU ZHIXIN

鲁定公十五年（公元前495年）正月，所有的诸侯都按照当时的规定来朝拜他。当时，孔子的弟子子贡也在场，他站在一旁，默默地观察鲁定公和邾隐公的动作。

按照周礼，邾隐公需要献给鲁定公一块"璞玉"，以示忠诚。只见邾隐公拿着一块玉佩，昂首挺胸地走到鲁定公面前，仰着头把玉佩交给了鲁定公。而鲁定公在接过玉佩的时候，一直低着头，表情十分谦恭。

子贡将这一切都看在眼里。退朝后，他对自己的朋友说："根据目前的礼仪，这两位君主都有灭亡的兆头。"

朋友惊慌地说："你怎么能说这样的话呢？"

子贡说："这是我观察出来的，并不是胡说八道。"

朋友问："那你能不能说说原因？"

子贡说："礼仪是生死存亡的标志，不管做什么，都要有一定的礼数。朝拜、祭祀、丧葬、战争，从这些场合都可以观察到礼仪的存在。如今在正月见君，这种正式场合不能满足礼仪的要求，可见礼的观念在鲁国已经荡然无存。"

要知道，在古代，"朝祀丧戎"是十分重要的四件事，其中的每项流程都有严格规定。两位国君在正月见面，就已经违背了法度，所以子贡才会这么说。

朋友说："也许只是一时疏忽呢？"

子贡说："朝拜君主是多么重要的大事，这都不能合乎规则，更何况其他事情呢？鲁定公作为君主，在接受礼物时应该神采奕奕、昂首挺胸，表现出一副气派十足的样子。可是他呢，却低着头，谦恭地接受了这份礼物，没有一丝帝王的霸气。这是衰败的标志，而衰败和疾病近在咫尺。邾隐公作为一个臣子，在给君主送礼时，应该低着头，态度谦恭，但他却昂首挺胸、扬扬得意，这根本就不是臣子的本分。臣子骄傲可不是好事。我看邾隐公以后一定会造反！而鲁定公作为他的主人，只怕要先死。"

果然，鲁定公在五月份就去世了。

至于邾隐公，他这个人为人骄傲，脾气又不好，曾经被吴王夫差赶下君位，只好去了鲁国。后来他得到越王勾践的扶持，成功复位，又因为太过傲慢，遭到了越国的废黜，最后在越国去世。

由此看来，子贡的预言是很准的，这与他能透过现象看本质有着很大的关系。不过，孔子并不赞同他这么说话。因为孔子觉得子贡很聪明，能够从细节推断出两位君王的结局，但是他从周礼的角度来推断国君的生死，这一点本身就和周礼不合。

洞察力

人们常说，外表掩盖不了实质的东西。只有具备一定的洞察力，才能透过现象看本质，而越是具有洞察力的人，越能进行精准的分析和判断。

在《道德经》中，老子说："见小曰明。"意思就是能从细微处觉察事理叫明，说的其实就是洞察力。显而易见的事情人人都能看到，只有具有洞察力的人才能发现那些隐藏的、微妙的变化，这样才能被称为"明"。

"见小曰明"就是让我们透过现象看本质，不要被表象迷惑，影响对事情的判断。

4 抓住关键，从问题的重点突破

每个人都不想遇到问题，在遇到问题的时候，都想又快又好地解决。但是，真正能做到这一点的很少，因为很多人都不懂得抓住关键。

思维火花 SIWEI HUOHUA

一个人如果不能抓住事情的关键点，那么他做事的效率就不会高；相反，如果他抓住了主要矛盾，就会轻而易举地解决问题。这就像下棋一样，即使我们目前的局势不好，但如果可以抓住扭转局面的关键点，一样可以获胜。

很多人在面对问题时，分不清主次和关键，做事也没有优先等级，一概而论，虽然付出了很多时间和精力，成果却很有限。

在日常的学习中，我们也要学会抓住关键，千万不能眉毛胡子一把抓。比如，有的科目学得不好，就可以多拿出时间练习和总结，一些学得好的科目，就可以少花费一些精力。

丙吉问牛

汉宣帝在位时期,丙吉曾任宰相,他主张从宽为政,非常关心人民的生活。为了体恤民情,他经常深入民间考察,了解当地的情况和人们的生活。

有一次,他外出的时候,遇到一些人在打架,其中有人受了轻伤,可是他就像没有看见一样,根本没有上前制止。下属虽然不解他为什么这么冷漠,但也不敢多问。

这时,附近传来了牛的号叫声。丙吉一看,原来是一头牛正在拉车,它的主人拿着一根鞭子跟在后面,时不时打它一下。丙吉见牛气喘吁吁的,就让部下去问问是什么情况。

"你赶牛走了很远的路吗?它怎么喘得这么厉害?"丙吉的手

下一脸阴沉，语气粗暴地问道。

　　牛主人见这个人口气不善，不像是普通人，急忙作了个揖，恭敬地说："大人，您这么说可就冤枉小人了。我们这刚出门不久，根本没走多远，它就变成这样了。要我看，它就是想偷懒，故意装出来的。"说着，他就狠狠地往牛屁股上踢了一脚。

　　丙吉见状，大喝一声："住手！"并快步走上前来，严厉地对牛主人说，"我看这头牛不是故意偷懒的，你不要对一头辛勤工作的牛太苛刻。"

　　牛主人听到这番话，十分不解。不就是一头牛吗？为什么要这么严肃呢？于是他小心翼翼地说："大人，

不过是一头牛而已,它生来就是要给我们耕地和拉车的,您何必这么关心它呢?"

围观的百姓听了,也纷纷议论起来。

"就是,那边有百姓受伤了你都不管,却这么关心一头牛。"

"没错,该管的不管,不该管的倒是挺上心。"

这时候有人认出了丙吉,就嘲笑道:"真是个伴食宰相,真虚伪!"

下属们也觉得难以理解,就小声问道:"大人,您为什么这么看重牲畜的生命呢?相比之下,不应该是人的性命更宝贵吗?"

丙吉从容地说:"老百姓有了纠纷,有当地官员来进行管理,不需要我插手。我身为丞相,要有大局观。现在还是春天,天气并

不热，牛还没走多远就已经气喘吁吁，累得吐出了舌头，这说明节气出现了问题，说不定会大大影响到农业。"

众人一听，都恍然大悟。

丙吉又说："很多人看问题只看到表面，别看一头牛不起眼，说不定背后就是关系到国计民生的大事。"

众人这才知道，自己误解了丙吉，他并不是伴食宰相，而是在努力地做好自己的本职工作，识大体顾大局。人们都对他十分佩服。

西汉属于农业社会，如果农事出现问题，老百姓的生活就会受到极大影响。丙吉问牛不问人，说明他抓住了问题的重点。

思考时刻 SIKAO SHIKE

在日常的生活和学习中，我们也会遇到很多问题，虽然不会像丙吉要处理的事情那样多而杂，但还是有很多人会手忙脚乱，顾不上抓重点，于是经常会出现这样的情况：无关紧要的事做了很多，重要的事却搁置一旁。

问题多了，难免会觉得慌乱，但是只要静下心来认真分析，就可以找到问题的重点，针对这个重点去采取措施，总能找到解决方法。不管是多么难的问题，都会有一个解决方案。只要找到它的关键，问题就会迎刃而解。很多问题之所以看起来很棘手，难以解决，主要还是因为我们被表面现象所蒙蔽，没有找到问题的重点。就像我们解决一道看起来很难的数学题，绞尽脑汁都找不到思路，这时候，不妨仔细读一读题干，找到重要考点，再回想一下自己有没有曾经做过类似的题目，回想一下当时的做法，也许就能找到思路。

温故知新 WENGU ZHIXIN

晋国有很多盗贼，百姓不堪其扰。有个叫郤（xī）雍的人眼光十分毒辣，可以从外表看出谁是盗贼。于是，晋君派他去辨认盗贼，很快就抓获了很多盗贼。

晋君高兴地对赵文子说："有郤雍一个人，就能抓住全国的盗贼。"

赵文子却说："郤雍这样做，不但不能抓住所有的盗贼，自己反而会落得不好的下场。"

眼看被抓的盗贼越来越多，其他的盗贼有些坐不住了，于是暗中谋划，将郤雍杀死了。

晋君听闻郤雍的死讯，立刻召见了赵文子，对他说："一切如

你所料，郤雍果然死了，那以后该怎么抓到盗贼呢？"

赵文子说："如果您想消灭盗贼，就应该任用贤能的人，改善社会风气。等老百姓都有了羞耻之心，自然就不会做盗贼了。"

晋君觉得赵文子说得很有道理，就任用随会来主持政务。很快，政治变得清明起来，盗贼们都弃恶从善，专心生产。

找到问题的关键

为了对付国内的盗贼，晋君任用了能够从外表看出谁是盗贼的郤雍，希望可以凭借他识别盗贼的能力，把所有盗贼都抓起来。一开始，很多盗贼落网，晋君以为消灭所有的盗贼指日可待，还很高兴，没想到盗贼还没抓完，郤雍就被杀死了。之所以会出现这种情况，是因为晋君并不知道消灭盗贼的关键在哪里，只想着见一个抓一个，却没想到盗贼数量众多，根本抓不完。

之后晋君采纳了赵文子的建议，任用了贤能的随会，很快政治变得清明，百姓们安居乐业。盗贼们无法立足，只好逃走了。

从这个故事不难看出，只有抓住问题的关键，才能从根本上解决问题。

5　做事当权变，才能应对万变之事

俗话说，条条大路通罗马。当一条路走不通时，就要尝试另一条路。做事也是一样，如果只用一种方法来应对所有事，自然是无法把事情办成的。

思维火花 SIWEI HUOHUA

日常生活中，我们难免要和别人交流，尤其是身边的老师和同学，更是几乎每天都要打交道。在这些交流中，往往蕴藏着复杂的关系。要想保持良好的人际关系，一定要学会"权变"，也就是要见机行事。

当今社会，见机行事已经成为人们必备的基本能力之一。我们每个人每天要面对大量信息。学会快速分析信息，能把握时代脉搏，跟上时代潮流。当然，要做到这一点，需要我们有良好的鉴别力。努力提高自己的应变能力，有助于保持健康的心理状态。

智慧故事 ZHIHUI GUSHI

随机应变的纪晓岚

纪晓岚是清朝的文学家、官员，他是一个善于随机应变的人。

有一天，乾隆皇帝觉得有些无聊，就打算测试一下纪晓岚是否真是一个聪明人，就问道："纪卿，你认为'忠孝'二字是什么意思？"

纪晓岚说："所谓'忠'，就是君要臣死，臣不得不死；所谓'孝'，就是父要子亡，子不得不亡。"

乾隆皇帝马上说："那我现在就让你去死。"

"臣领旨！"

乾隆皇帝又问："那你打算怎么死呢？"

"跳进河里。"

乾隆皇帝知道纪晓岚不会真的去死，就静静地等着，看他一会儿怎么给自己回复。不一会儿，纪晓岚就回来了。

乾隆皇帝笑着问："纪卿，你怎么没死呢？是不是对我不忠？"

纪晓岚答道："皇上，那您可就冤枉臣了。"

乾隆皇帝笑着问:"那你说说你怎么回来了?"

纪晓岚答道:"臣走到河边,正准备往下跳,就看到屈原从水里走了出来。他对臣说:'晓岚,你这样做可太糊涂了。当年我之所以要跳河,是因为楚王太昏庸。你现在不能急着往下跳,要先回去问问皇帝。如果他不是昏君,你就不能跳河。如果他是昏君,你再跳也不迟。'"

乾隆大笑着说:"怪不得别人都说你善于随机应变,今日一看,果然名不虚传。"

就这样,纪晓岚凭借自己随机应变的能力保全了性命。

还有一次,纪晓岚和其他大臣在书房里谈笑,因为天气太热,大家都光着膀子。忽然,乾隆皇帝走了过来,其他人看到,赶紧把

衣服穿上了。但是纪晓岚近视，直到皇帝走到近前，他才看见，但是穿衣服已经来不及了，只好钻到了座位下面。

乾隆皇帝早就看到了他，故意要捉弄他，于是坐在座位上，一句话都不说。因为天气炎热，纪晓岚很快就热得受不了了，就从座位下面探出头，问其他大臣："老头子走了没有？"

乾隆皇帝笑着问："你给我解释解释，什么是'老头子'？解释不出来，死罪难逃！"

纪晓岚急忙说："皇上，臣没有穿衣服。"

乾隆皇帝让人帮他穿好衣服，然后严厉地说：""老头子'三个字是什么意思？"

众人见乾隆这么严肃，吓得大气都不敢喘。纪晓岚却不慌不忙地说："万寿无疆谓之老，顶天立地谓之头，父天母地谓之子。"

乾隆皇帝一听，这句句都是在夸赞自己，不由得心花怒放，就没有再追究。就这样，纪晓岚凭借自己巧妙的随机应变能力，给自己免去了一场灾难。

思考时刻 SIKAO SHIKE

正所谓"伴君如伴虎"，在皇帝身边，稍有不慎就可能掉脑袋，甚至危及家人。但纪晓岚在回答皇帝的问题时，随机应变，成功让自己化险为夷。

在跟同学和老师的交往中，我们可能会遇到一些尴尬的情况，这时候，发挥自己随机应变的能力，可以给自己和别人解围，化被动为主动。随机应变是一种很重要的能力，在日常生活中，可以有意识地多思考、多学习，让自己的能力得到提高，处理起事情就能更加游刃有余了。

温故知新 WENGU ZHIXIN

有一次，慈禧让杨小楼来给自己唱戏。戏唱完后，她把杨小楼召到跟前，指着面前桌子上的糕点对他说："这些都赏给你。"

杨小楼急忙磕头谢恩，但是他不想要糕点，于是鼓足勇气说："多谢老佛爷赏赐，但是这些太贵重了，奴才不敢收，希望您可以赏赐一些……"

眼下慈禧心情大好，并没有生气，反而笑着问道："你要什么？"

杨小楼说："老佛爷洪福齐天，奴才想要您赐个字。"

慈禧听了心花怒放，就让人拿来笔墨纸砚，挥毫泼墨，写下了一个"福"字。

写好之后，慈禧就让人递给了杨小楼。站在一旁的小王爷看到慈禧写的字，就悄悄地说："福字是'示'字旁，不是'衣'字旁的呢！"

此时杨小楼已经接过了字，仔细一看，这个字确实写错了，忍不住想：就这么把这个错字拿回去，一定会惹人非议，那不就是犯了欺君之罪，可是如果不拿回去的话，太后一定会我觉得我嫌弃她写错了字，万一动了怒，我这小命就保不住了。一时间，他左右为难，不禁冷汗直流。

慈禧意识到自己写错了字，也有些不好意思，觉得让他把字拿回去也不好，再要回来也不好。

就在这时，旁边的李莲英笑着说："这可不是普通的'福'字，而是老佛爷的'福'字，自然是比别人的多一点儿。"

杨小楼一听，急忙磕头谢恩，说："老佛爷的福可是万人之上的福，奴才怎么敢领呢？"

慈禧正发愁没有台阶下，听到这番话，急忙顺水推舟，说："好，那就改天再赏赐你。"

就这样，李莲英用一句话化解了二人的尴尬。

李莲英是慈禧太后身边的红人，深得慈禧宠信。虽然他有很多负面的传闻，但是在随机应变方面，他的能力是很强的。也正是凭借这种能力，他经常能够帮助自己和别人摆脱困境。

学会"变脸"

很多人都看过"变脸"，容易被演员娴熟的技术折服。其实在现实生活中，我们也可以"变脸"。比如，在跟同学和老师交往的时候，我们都会十分谦虚、客气，可是如果遇到一些坏人，我们还是和和气气的，只会让坏人认为我们软弱可欺。这时候，就是我们"变脸"的时候了。

遇到不同的事情、不同的人要灵活对待，这样才能更好地解决问题。

6 釜底抽薪，从根本上解决问题

有的时候我们会发现，虽然自己在某件事上花费了很多精力，却依然没有把它解决。这时候，可以采取"釜底抽薪"的办法，从根本上解决问题。

思维火花 SIWEI HUOHUA

在我们成长和学习的过程中，难免会遇到问题和困惑。有时候你会发现，这些问题只是表面，如果找不到问题的根本，哪怕你为之困惑了很久，付出了很多时间和精力，也无法把它解决。

如果想从根本上解决问题，就要学会分析和找到它的真正原因，加以修正改进，釜底抽薪，从根本上把问题解决。

智慧故事 ZHIHUI GUSHI

曹操奇兵袭乌巢

东汉末年，群雄逐鹿，其中曹操和袁绍的实力最强。曹操占领了兖州、豫州，袁绍占据了冀州、青州、幽州和并州。

袁绍十分狂傲，仗着自己占据的地方多，又有足够的粮食和物资，就向曹操挑战，要和他决斗，一举消灭他的势力。

公元200年，袁绍派人请来文学家陈琳，请他写了一篇檄文。在文中，袁绍狠狠地羞辱了曹操和他的祖先。

檄文一出，天下人都议论纷纷，嘲笑起曹操的家世和出身。曹操无法忍受这样的羞辱，迅速利用自己在朝中的权力，袁、曹两家公开宣战。

同年一月，袁绍派十万大军南下进攻曹操。但没想到，经过短暂的战斗，袁绍大败，就连袁绍器重的大将颜良也在战斗中被曹操的士兵所杀。

首战失利，袁绍的士气大大受挫，这让他十分焦虑。他看了看军事战略图，对手下的将领说：“立刻集结所有兵马，集体进攻曹贼，务必要打败他！”

于是，袁绍和曹操集结了全部兵力，在官渡对峙了几个月。在对峙期间，袁绍的谋士许攸因为一些原因，一怒之下离开了袁军。他一出袁绍的军营，就径直去了曹操那里。

曹操正躺着休息，听到许攸来了，慌忙冲出去迎接他，连鞋都顾不上穿。

曹操认为，许攸这次到来，说不定会带来转机，帮自己打败袁绍。果然，许攸很快就开始献计。

"将军的给养能维持多久？"许攸问。

"一年不成问题！"曹操自信地说。

许攸笑着说："如果你真想打败袁绍，不妨实话实说。"

曹操一听这话，就知道许攸识破了他的谎言，连忙说："其实……我的军粮只够维持一个月！"

许攸说:"既然这样,我有个好主意。袁绍的粮草都在乌巢,而且守卫不多。如果将军派轻兵偷袭,来一招釜底抽薪,袁绍必败!"

曹操一听,这确实是个绝妙的计划,于是亲自率领五千名士兵,让他们每人带一捆柴火。与此同时,他举起先前缴获的袁绍的旗帜,伪装成袁绍的兵马,连夜抄小路赶往乌巢。

这时,看守粮草的大将淳于琼和部下正在营房里呼呼大睡。

曹操率兵来到乌巢,立即下令包围整个大营,然后让士兵们点上柴火。

袁绍的士兵见着火了,吓得仓皇逃窜。黎明时分,淳于琼见曹操的兵力不多,便迅速集结人马,准备向曹军发起反击。然而,曹军的进攻非常猛烈,淳于琼经过短暂的抵抗,就撤退到自己的营地等待援军。

袁绍的大将张郃得知乌巢已被攻陷后,急忙建议说:"将军,请立即下令派兵援助乌巢,毕竟我们的粮草都在那里,如果落到曹操手里,我们就没有退路了。"

这时,袁绍已经怒发冲冠,生气地说:"既然曹贼要截断我的退路,那我就截断他的退路!来人!"

第四篇 方法得当,才能解难

袁绍召集部下，命令他们攻打曹营。虽然部下们都表示反对，但袁绍根本听不进去，还是坚持不管乌巢，先去攻打曹营。

此时曹营早就做好了战斗准备，袁绍久攻不下，元气大伤。而曹军已经攻入淳于琼的军营，不仅将他们全部杀光，还将他们的粮食和辎重全部烧毁，彻底切断了袁绍的后路。

之后，曹操便率军回到官渡。

曹操在阵前冲袁绍喊道："我把乌巢的粮草都烧了，你想活命，就快点儿投降吧！"

袁绍的军队听到这个消息，立刻丧失了斗志。

最后，在曹操的全面进攻下，袁绍大败，只好趁乱带着八百士兵逃跑了。

思考时刻 SIKAO SHIKE

所谓"釜底抽薪"，就是把锅底的柴火抽掉，使其无法加热。从深层含义来看,釜底抽薪就是从根本上解决问题。在行军打仗时,粮草和辎重是军队的命脉,缺少粮草和辎重,军队根本无法作战。曹操在许攸的点拨下,采取了釜底抽薪的办法,烧掉了袁绍的粮草,让自己由弱变强,消灭了袁军。

与"釜底抽薪"相对的,是"扬汤止沸",意思是把锅里开着的水舀起来再倒回去,让它不沸腾。这种做法虽然能够暂时止沸,但无法从根本上解决问题。对比之下,还是"釜底抽薪"更加有效,也更加彻底。

第四篇 方法得当,才能解难

温故知新 WENGU ZHIXIN

枚乘是西汉时期辞赋家,曾经在刘仲(刘邦的哥哥)的儿子——吴王刘濞手下任职。刘濞为人彪悍,而且很有野心。汉景帝时,御史大夫晁错主张削减诸侯国的领地,这让刘濞感觉到了威胁,就联络了其他六个诸侯国,准备造反。

枚乘认为,这样做不但无道,而且十分危险,就写了《上疏

谏吴王》。在文中，他说："人性有畏其景而恶其迹者，却背而走，迹逾多，景逾疾；不如就阴而止，景灭迹绝。欲人勿闻，莫若勿言；欲人勿知，莫若勿为。欲汤之沧，一人炊之，百人扬之，无益也；不如绝薪止火而已。"意思就是，有一个人怕影子，厌恶自己的脚印，就倒着走，这样一来脚印就多了，影子就更明显了。他不知道，如果他站在树荫下不动，就不会有影子和脚印。如果你想不让别人知道自己的秘密，就不要自己说出来。如果你不想让别人知道自己要做的事，就不要自己去做。想让热水变凉，如果一个人在烧火加热，就算有一百个人把水从锅里舀出来再倒回去，也无法让它停止沸腾，不如停柴止火有效果。

他还说："种树畜养，不见其益，有时而大。积德累行，不知其善，有时而用；弃义背理，不知其恶，有时而亡。"意思就是虽然在一段时间内我们看不到培育和繁殖的对象长得更高、更大，但它长得更高、更大的时候总会到来；而积累良好的道德和美德，我们虽然一段时间看不到它的好处，但总会有有用的时候；背弃信仰和真理，虽然一时看不出危害，但总有让你灭亡的时候。

但是刘濞这个人十分固执，根本不听劝。枚乘只好离开吴国，投奔了梁孝王。

后来，刘濞起兵叛乱。汉景帝听信谗言，将晁错杀死，并向诸侯王们道歉。枚乘再次给刘濞上书，但刘濞还是不听。最终，刘濞起兵攻打梁国，被汉朝大将周亚夫镇压。

扬汤止沸不如釜底抽薪

不管我们做什么事，都不能贸然行动，而是要认识和把握事物的主要矛盾、次要矛盾。"扬汤止沸"这个成语告诉我们，将水舀出来让它停止沸腾抓住的是事物的次要矛盾，解决表面问题，或临时性解决问题，无法触及其根本。釜底抽薪的关键是善于抓住事物的主要矛盾，把锅底的柴拿走，切断火源，才能真正止"沸"，才能解决根本问题，或将问题彻底解决。

篇末问卷

1. 当遇到比你强的对手,你会怎么做?
2. 你知道怎么做才能出奇制胜吗?
3. 你能透过事情的现象看出它的本质吗?
4. 你知道如何抓住问题的重点吗?
5. 你知道"扬汤止沸"和"釜底抽薪"的区别吗?

附 录

现代社会，我们面临着越来越多的竞争和挑战，想要把握住更多的机会，随机应变是办法之一。高情商并非天生的，可以通过刻意练习来获得。

要想拥有缜密的思维和高效的行动能力，需要进行哪些方面的刻意练习呢？

第一，锻炼我们的观察力。

只有拥有强大的观察力，才能看清事物的本质和人的需求，进而更加自如地应对突发情况。

第二，锻炼我们的专业性。

无论是工作还是学习，只有拥有一技之长，成为不可替代的那一个，才能在残酷的竞争中屹立不倒。掌握更加科学、更加专业的学习方法比盲目地埋头苦学效率高得多。

第三，练习我们的社交能力。

我们在社会中不是孤立的个体，而是处在复杂的人际关系中。只有拥有高超的社交能力，才能自如地利用身边的各种资源，提升自身能力，实现自己的目标。

第四，锻炼我们的表达力。

一个人读的书再多、见解再独特，如果无法表达出来，也不会让人看到他的才能。可见，拥有良好的表达力是拥有高情商的关键。

只有条理清晰、善于表达，才能在日常交际和学习工作中事半功倍。

第五，锻炼我们的思维能力。

解决问题的过程中往往需要发散思维，跳出固有的思维模式，才能找到突破性的解决途径。

第六，锻炼我们的自控力。

生活中的意外不可避免，要想有效解决问题，最重要的就是控制住自己的情绪，积极面对，冷静分析，从容镇定地寻找解决办法。

第七，锻炼我们的挑战力。

人的能力不是天生的，而是在一次又一次的挑战中锻炼出来的。只有敢于挑战、善于挑战，才能积累丰富的经验，提高自身的综合能力。

第八，锻炼我们的预判力。

拥有对事物发展方向的预判力，就能未雨绸缪，把危机扼杀在萌芽阶段，这样比危机发生之后再补救有用得多。